KB036661

나는
그곳에
집을 지어
살고 싶다

나는 그곳에 집을 지어 살고 싶다

살아생전에 살고 싶은 곳 44

문화재청 문화재위원 신정일 지음

창해

살아생전에 살고 싶은 곳 44곳
한 달이나 일 년이라도 살고 싶은 곳

어디에서 살 것인가?'

코로나 19로 인하여 사람들의 삶이 시시각각 변하고 있다. 외국 여행을 가지 못하다가 보니 소규모로 국내외의 명소들을 찾아가는 여행이 주를 이루고, 차박이나 펜션을 이용하는 사람들이 늘고 있다.

그뿐만 아니라 이사를 가지 않으면서 자신에게 합당한 지방을 골라 한 달 살기, 또는 두 달 살기, 일 년 살기가 유행이다.

그렇다면 어느 곳에서 사는 것이 바람직한 것인가?

조선 중기의 실학자인 이중환李重煥(1690~1752)은 '이 땅에 과연 사대부들이 살만한 곳은 있는가?'라는 명제를 가지고 20여 년간을 나라 곳곳을 떠돌았다. 그러나 결론부터 말하면 그가 찾고자 했던 이 상향은 그 어디에서도 발견하지 못했다. 하지만 그가 찾고자 했던 곳에 대한 불씨를 《택리지擇里志》라는 책에 남겨 두었다.

즉 그가 설정한 지리, 인심, 생리, 산수 등이 꼭 들어맞는 곳은 아니지만 그 조건들 가운데 일정한 부분이 흡사한 곳을 언급한 뒤에 노력하고 가꾸어나가면 좋은 땅이 될 수 있다는 사실을 후대에 전하고자 했던 것이다.

필자는 이중환 선생과는 다른 목적을 가지고 이 땅을 걸었다. 사라진 길을 다시 살리고, 사람들의 기억 속에서 잊혀져 간 한국의 10대강의 복원을 위해, 그리고 우리 국토의 재발견을 위해서 30여 년의 세월에 걸쳐 우리나라를 떠돌았다. 그렇게 돌아다니다 보니 머물러 살고 싶은 곳들이 하나둘 눈에 들어오기 시작했다.

오랫동안 막역하게 지내는 지인知人 중에 경주에 살고 있는 이재호 선생이 있다. 그는 경북 왜관에 있던 빈집 한 채를 사서 경주로 옮겨

집을 지었다. 5칸 겹집인 그 집은 둥근 기둥으로 보아 20세기 초반의 건물이지만, 집터와 주변의 자연이 너무도 잘 어울렸다. 마음을 내려놓고 몇 걸음만 집 뒤편으로 걸어가면 흡사 라면 가락처럼 휘어진 소나무 숲이 울창한 효공왕릉孝恭王陵(신라 제52대왕)이 있다.

마루에서 작은 쪽문을 열면 굵은 대나무 숲이 한눈에 들어온다. 복잡한 도시의 성냥갑같이 오밀조밀한 아파트 숲속에서 살고 있는 현대인들은 신라 천년의 고도 경주의 왕릉 옆에 자리 잡은 그의 집을 부러워한다. 하지만 마음은 간절하되, 막상 들어와 살라고 하면 그들은 주저앉고 말 것이다. 도시에 두고 온 도회적 삶과 세속적 욕망을 저버릴 수 없기 때문이다.

"십 리 밖이나 반나절쯤 되는 거리에 경치가 아름다운 산수가 있어 가끔씩 생각날 때마다 그곳에 가서 시름을 풀고, 혹은 하룻밤쯤 자고 올 수 있는 곳을 마련해둔다면 이것은 자손대대로 이어져 나가도 괜찮은 방법이다."

《택리지》의 저자인 이중환 선생의 글인데, 그의 말은 오늘날에도 유효하다. 사람이 살기에 가장 바람직하다고 여기는 곳은 바로 그러

한 곳이다.

그러나 대부분의 현대인들이 선호하는 주거관은 그와 다르다. 땅값이 오를 것에 대비하여 땅을 사고, 값이 오르기만을 기다리지, 정작 우주宇宙의 주인인 내 한 몸과 영혼을 감싸줄 그런 땅을 열망하지는 않기 때문에 서울과 경기도에 집중 현상이 그치지 않는 것이다.

시류時流를 따라가는 것만이 아닌, 피로한 몸과 정신이 머물 수 있는 집을 어느 곳에 어떻게 지을 것인가?

무엇보다 주위가 산과 강에 의하여 어머니 품 안에 있는 것처럼 안온하게 조성된 땅을 잡으면 좋을 것이다. 그러한 땅이 말 그대로 명당이라고 볼 수 있다. 그 명당 중에서도 땅 기운이 집중되어 있는 범위가 혈장이고, 그중에서 바로 지기地氣가 인체에 교류할 수 있는 지점이 혈처라고 한다. 그런 땅은 누가 잡을 수 있는가?

자력갱생自力更生이라는 말처럼, 정성을 다해 직접 감응하여 느끼고 잡을 수밖에 없다. 유명한 풍수가들이 많이 있지만 적게는 몇백, 또는 몇천만 원에서, 1억 원은 주어야 좋은 땅을 잡아줄 수 있다는 말을 서슴없이 하는 사심私心이 있는 사람들에게 눈먼 명당이 아니라면 명당이 보이기나 하겠는가?

사람들의 삶터와 생활양식이 몰라보게 변화하는 시대상황 속에서 전통과 현대가 조화를 이루면서 공존해 나갈지, 아니면 전통이 역사의 그늘 속으로 숨어들면서 또 다른 형태의 새로운 가치창조를 이끌어낼지 그 누구도 예측할 길이 없다.

"사람은 역사도 만들고 지리도 만든다."는 말이 있지만, 그럼에도 불구하고 우리가 끝까지 견지해야 할 것은 "땅을 대하기를 사랑하는 사람 대하듯 하라"는 말일 것이다.

상상을 초월할 정도로 복잡한 시대인 21세기를 살아가는 우리들도 나름대로의 생각을 가지고 "살만한 곳은 어디인가?"를 찾아야 할 것이다.

1980년대 중반부터 우리나라의 문화유산답사를 위해 전국을 떠돌았고, 남한의 8대강(한강·낙동강·금강·섬진강·영산강·만경강·동진강·한탄강)을 걸었다. 조선시대의 대동맥(옛길)인 영남대로·삼남대로·관동대로를 걸었으며, 부산 해운대 달맞이고개에서 통일전망대까지 이어진 바닷가길(동해트레일)과 함께 한국의 산 400여 개를 올랐다. 그렇게 돌아다니며 바라본 땅에서 고른 것이 이번에 내놓는 《나는 그곳에 집을 지어 살고 싶다 −살아생전에 살고 싶은 곳 44(전2권)》이다.

이 책에 수록된 지역들은 순전히 필자의 입장에서 바라본 곳이다. 땅값의 높낮이[高下] 하고는 아무런 연관관계가 없으며, 오로지 내가 집을 짓고 오래도록 살았으면 했던 곳들이다.

이중환은 《택리지》를 마무리하면서 이렇게 말한다.

"무릇 산수는 정신을 즐겁게 하고 감정을 화창하게 하는 것이다. 거처하는 곳에 산수가 없으면 사람들이 촌스러워진다. 그러나 산수가 좋은 곳은 생활의 이익이 풍부하지 못한 곳이 많다. 사람들이 자라처럼 모래 속에 숨어 살지 못하고, 지렁이처럼 흙을 먹지 못하는 바에야, 한갓 산수만 취해서 삶을 영위할 수는 없을 것이다. 그렇기 때문에 기름진 땅과 넓은 들, 그리고 지리가 아름다운 곳을 가려 집을 짓고 사는 것이 좋다.

앞에서도 얘기한 이중환 선생의 말처럼 십 리 밖이나 반나절쯤 걸어서 가는 곳에 머물고 싶은 경치 좋은 곳과, 숙소가 있다면 천천히 걸어가며 온갖 생각의 나래를 펼칠 수가 있을 것이다. 가슴 설레며 걸어가는 그 길이 얼마나 그윽하고 아름답겠는가?

"세상은 있는 그대로가 내 마음에 드는구나."

괴테Johann Wolfgang von Goethe(1749~1832) 희곡 《파우스트Faust》 2부에서 린세우스가 한 말과 같이 마음과 몸이 더없이 평안해지는 곳이 그러한 곳이리라.

이 책에 소개된 대부분의 지역들이 산천이 수려하고 아름다운 곳이고, 역사 속에 자취를 남긴 인물들이 삶터를 영위했던 곳이다.

어느 때나 가도 마치 고향에 돌아온 사람을 감싸 안아주듯 포근하고 아늑한 곳들이 우리가 살고 싶은 곳이고, 살아야 할 곳들이다.

중국의 작가이자 문명비평가인 임어당林語堂(린위탕Lin Yutang, 1895~1976)은 "여행할 때 스쳐 가는 풍경은 예술적으로 선택할 필요는 없다. 그러나 거처로 삼아 생애를 보내고자 하는 장소는 잘 선택해야 한다."
고 말했으며, 독일의 철학자인 니체Friedrich Wilhelm Nietzsche(1844~1900)
도 《서광曙光》에서 그와 같은 견해를 피력했다.

"'아버지가 가지고 있는 힘찬 온화함', 그러한 기분이 그대를 감
동시키는 곳, 그곳에다 그대의 집을 짓도록 하라."

내가 그 안에 들어가면 포근하게 나를 감싸 안아주는 곳, 그러한
곳에 집을 짓고 아름다운 자연과 화합하며 이 땅을 조화롭게 가꾸
고 살아가는 것은 인간이 누릴 수 있는 최대의 행복이 아닐까?

2022년 03월 23일
신정일 모심

차 례

강원도 양양의
진전사지 부근 둔전리

진전사지가 있는 둔전리

동해 바다는 서해나 남해 바다와 달리 온 바닷가가 다 해수욕장
이다. 태평양을 바라보고 넓게 트인 바닷가에 펼쳐진 모래사장이 얼
마나 아름다운지, 철썩철썩 몰아오고 또 부서져가는 파도 소리가 얼
마나 가슴을 아리게도 하고 시리게도 하는지, 그래서였을까?《택리
지》를 지은 이중환李重煥(1690~1752)은 양양의 낙산사洛山寺 일대의 아
름다운 경관을 다음과 같이 그렸다.

"해안은 모두 반짝이는 흰 눈빛 같은 모래로 밟으면 사박사박하
는 소리가 나는 것이 마치 구슬 위를 걷는 것과도 같다. 모래 위

양양 하조대의 겨울

에는 해당화가 새빨갛게 피었고, 가끔 소나무 숲이 우거져 하늘
을 찌를 듯하다. 그 안으로 들어간 사람은 마음과 생각이 느닷없
이 변하여 인간세상의 경계가 어디쯤인지, 자신의 모습이 어떤 것
인지 알 수 없을 정도로 황홀하여 하늘로 날아오른 듯한 느낌을
받는다. 그렇기 때문에 한번 이 지역을 거쳐 간 사람은 저절로 딴
사람이 되고 십 년이 지나도 그 얼굴에 산수 자연의 기상이 남아
있을 것이다.”

온 나라 구석구석을 돌아다닌 방랑자가 이렇게 찬탄에 찬탄을 거
듭한 곳이 설악산 자락 양양의 낙산사 일대이고, 그곳에서 멀지 않
은 곳에 아름다운 폐사지廢寺址인 진전사지陳田寺址가 있다.
답사 중에 백미는 아무래도 폐사지 답사일 것이다. 절마다 있는

낙산사 해수관음상

대웅전이나 요사채는 커녕 어떠한 건물도 남아 있지 않고 탑 하나 덜렁 남아 있는 경우도 있지만 어떤 폐사지는 탑도 없고, 불상도 없다. 오직 조각난 기왓장만 쓸쓸하게 그곳을 지키며 뒹굴고 있는 곳도 있다.

포근한 어머니의 품 같은 마을

또 답사를 다니다 보면 어디선가 본 듯한, 아니 꼭 포근한 어머니의 품 같은 고향에 안긴 것처럼 포근한 느낌이 드는 곳이 더러 있다. 그런 곳 중 한 곳이 진전사지가 있는 양양의 둔전리이다. 강현리에서

양양 낙산사 의상대

장산리를 지나서 바라보면 설악산의 화채봉 華彩峰(1,320m)이 멀리 보이고, 우측에 송암산 (764m)이 좌측에 관모산(877.2m)이 보이는데, 물치천을 가로지른 석교교를 지나면 둔전리

에 이른다.

본래 이곳은 양양군 강선면의 지역으로 조선시대에 강선역降鮮驛의 토지인 둔전屯田이 있었으므로 둔전동이라고 불러오다가 1916년에 행정구역에 따라 둔전리라고 하여 강현면에 편입되었다.

《신증동국여지승람新增東國輿地勝覽》에 "설악 : 북부 서쪽 50리에 있는 진산이며 매우 높고 가파르다. 8월이 눈이 내리기 시작하여 여름이 되어야 녹는 까닭으로 이렇게 이름 지었다."라고 기록되어 있는데, 그 설악산 자락 양양군 강현면 둔전리에 폐사지 진전사지가 있다.

길이 비좁기는 해도 설악산을 바라보고 들어가는 골짜기 길은 가을이면 감나무에 매달린 붉디 붉은 감들로 인하여 설레임으로 가득하고 설악산이 더욱 깊어지기 전 신라 구산선문九山禪門의 효시가 되었던 도의선사道義禪師(?~825)가 창건한 진전사 터에 닿는다.

진전사는 통일신라시대에 창건된 사찰로 추정하고 있을 뿐 정확한 건립 연대는 알 수 없지만, 여러 가지 정황으로 볼 때 최소한 8세기 말에 창건된

양양 진전사지삼층석탑

것으로 보고 있다. 이 절은 도의선사가 당나라로 유학을 갔다가 821년(헌덕왕 13) 귀국하여 오랫동안 은거하던 곳으로 절터 주변에서 '진전陳田'이라 새겨진 기와 조각이 발견되어 절의 이름이 밝혀졌다.

도의는 784년(선덕여왕 5)에 당나라로 건너가 마조도일馬祖道一(709~788)의 선법禪法을 이어받은 지장에게 배웠고, 821년(헌덕왕 13)에 귀국하여 설법을 시작하였다. 도의가 신라에 도입해 온 선종禪宗은 달마대사達摩大師(?~528)가 인도에서 동쪽에 전파한 것으로 "문자에 입각하지 않으며 경전의 가르침 외에 따로 전하는 것이 있으니, 사람의 마음을 가르쳐 본연의 품성을 보고 부처가 된다."는 뜻이었다.

타고난 마음이 부처이다

그의 뜻은 다시 마조도일의 남종선南宗禪에 이르러 "타고 난 마음이 곧 부처"라는 뜻으로 이어졌다. "염불을 외우는 것보다 본연의 마음을 아는 것이 더 중요하다."고 외치고 다닌 도의의 사상은 당시 교종敎宗만을 숭상하던 시기에 맞지 않는 일이었다. "중생이 부처"라는 도의의 말은 신라 왕권불교에서 보면 반역에 다름 아니었으므로 '마귀의 소리'라고 배척을 받을 수밖에 없었다.

도의선사는 이곳에 와 40여 년 동안 설법하다가 입적하였으며, 그의 선법은 그의 제자 염거화상廉居和尙(?~844)에게 이어지고 다시 보조선사普照禪師 체징(體澄, 804~880)으로 이어져 맥을 잇게 된다. 보조선사

는 구산선문 중 전남 장
흥 가지산迦智山에 보림
사寶林寺를 짓고서 선종
禪宗을 펼쳤는데, 그 뒤의
진전사에 대한 역사는
전해지지 않고 도의선사
에 대해서도 알려진 바
가 별로 없다.

진전사지 부처

다만 보림사 보조선
사 비문에 "……이 때문
에 달마가 중국의 1조가 되고, 우리나라에서는 도의선사가 1조, 염
기화상이 2조, 우리 스님 보조선사가 3조이다."라는 구절이 있을 뿐
이다.

도의선사의 선종은 신라 말에 와서야 지방 토호들의 절대적인 지
원을 받게 되었고, 그로 인해 구산선문이 이루어진 것이다. 그 뒤 고
려 중기에 《삼국유사》를 지은 일연一然(1206~1289)이 이 절의 장로長老
였던 대웅大雄의 제자가 되었던 곳으로 보아서 그 당시까지 사세寺勢
를 이어왔던 것으로 볼 수 있지만 《신증동국여지승람》에 이 절의 이
름은 보이지 않는다. 조선 초기에 폐사가 된 것으로 추정되는 이 절
에는 국보 제122호로 지정되어 있으며, 인물탑人物塔이라고 부르는 진
전사지삼층석탑과 보물 제439호로 지정되어 있는 진전사지 부도가
있을 뿐이고, 진전사지는 강원도 기념물 제52호로 지정되어 있다.

설악산 아래 폐사지

　1966년 2월 28일 국보 제122호로 지정된 진전사지삼층석탑은 통일신라 8세기 후반에 세워진 것으로 추정되며, 통일신라 석탑의 전형적인 모습인 이 탑은 2단의 기단 위에 3층의 탑신을 올려놓은 모습이다.

양양 진전사지삼층석탑

　아래층 기단에는 천의 자락을 흩날리는 비천상飛天像이 사방으로 각각 둘씩 모두 여덟이 양각되었고, 위층 기단에는 구름 위에 앉아 무기를 들고 있는 팔부신중八部神衆이 사방에 둘씩 양각되었다.

　1층 탑신에는 사방불四方佛 각 면마다 양각되어 있다. 지붕돌은 처마의 네 귀퉁이가 살짝 올라가 경쾌하며, 밑면에는 5단씩의 받침을 두었다. 3층 상륜부相輪部에는 머리 장식은 모두 없어지고 노반露盤만 남아 있을 뿐이다.

　이 탑은 통일신라시대 전성기의 정교함과 기품을 유지하고 있으면서도 화려하거나 장식적이지 않고 단아한 모습을 하고 있다. 전체적으로는 균형이 잡혀 있으면서 지붕돌 네 귀퉁이의 치켜올림이 경쾌한 아름다움을 느끼게 해준다. 또한 기단에 새겨진 아름다운 조각과 탑신의 세련된 불상 조각은 진전사의 화려했던 모습을 엿볼 수 있게 한다.

불국사삼층석탑의 장중함이 이 탑에서는 아담함으로 바뀌었으며, 불국사삼층석탑이 중대 신라 중앙 귀족의 권위를 상징한다면 이 탑은 지방 호족의 새로운 문화 능력을 과시한 것이라 할 수 있다.

석탑을 답사하고 산길로 난 오솔길을 따라 오르면, 좌측으로 저수지가 펼쳐지고 우측으로 오르는 산길이 나타난다. 이 지역에선 부두쟁이라고 부르는 진전사의 부도가 있는 골짜기를 한참을 오르면 부도 앞에 이른다. 우리나라 부도의 일반적인 모습과는 상당한 차이를 보이는 아주 오래된 이 부도는 석탑의 2층 기단부 모습을 가지고 있다.

이러한 형태 때문에 이 부도를 부도의 모습이 구체화되기 이전의 형태 즉 초기 부도로 보고 있

진전사지삼층석탑

는 것이다.

도의선사가 선종을 열기 전 신라의 큰스님 자장慈藏(590?~658?), 원효元曉(617~686), 의상義湘(625~702) 들은 어느 누구도 부도를 남기지 않았다. 화엄의 세계에서 큰스님의 죽음은 죽음에 지나지 않았지만, '본연의 마음이 곧 부처'인 선종에서 큰스님의 죽음은 붓다의 죽음과 다르지 않게 보기 시작한 것이다. 그런 연유로 다비한 사리를 모시게 되었고, 부도가 우리나라에 만들어지기 시작했다.

진전사지 부도는 일반적인 다른 부도와는 달리 8각형의 탑신塔身을 하고 있으면서도, 그 아래 부분이 석탑에서와 같은 2단의 4각 기단基壇을 하고 있어 보는 이의 호기심을 자아낸다.

2단으로 이루어진 기단은 각 면마다 모서리와 중앙에 기둥 모양을 새기고, 그 위로 탑신을 괴기 위한 8각의 돌을 두었는데, 옆면에는 연꽃을 조각하여 둘렀다. 8각의 기와집 모양을 하고 있는 탑신은 몸돌의 한쪽 면에만 문짝 모양의 조각을 하였을 뿐 다른 장식은 하지 않았다. 지붕돌은 밑면이 거의 수평을 이루고 있으며, 낙수면은 서서히 내려오다 끝에서 부드

진전사지 부도

22

러운 곡선을 그리며 위로 살짝 들려 있다.

잘생긴 석탑을 보고 있는 듯한 기단의 구조는 다른 곳에서는 찾아볼 수 없는 모습이다. 도의선사의 묘탑廟塔으로 볼 때 우리나라 석조 부도의 첫 출발점이 되며, 세워진 시기는 9세기 중반쯤으로 추정하고 있다. 전체적으로 단단하고 치밀하게 돌을 다듬은 데서 오는 단정함이 느껴지며, 장식을 자제하면서 간결하게 새긴 조각들은 명쾌하다.

877m의 봉우리의 관모산冠帽山은 진전사지 뒤쪽에 자리 잡은 산으로 그 생김새가 관冠과 같다고 해서 지어진 이름이고, 진전사지에 돌담을 쌓은 흔적이 있는 안 골짜기는 성안골이라고 부른다.

탑거리는 진전사 탑이 있는 버덩을 이르는 말이고, 탑이 있는 그 뒤쪽의 골짜기를 탑골이라고 부르며, 탑거리 아래쪽에 있는 골짜기를 반찬골이라고 부른다.

둔전 서북쪽에는 한국전쟁 때 소실되어 흔적만 남은 학수암 터가 남아 있고, 둔전리 향산香山에는 물치천이 이루어낸 폭포인 향산폭포가 있다. 그 모양이 중국 여산廬山의 향로봉 폭포와 닮았다고 해서 지은 이름이다.

풍수에서는 "가보지 않은 것은 말하지 말라."는 말이 있는데, 진전사지 일대는 마음 비우고 가면 이곳저곳이 제대로 보이면서 명나라 사람 진강陳絳이 지은《금뢰자金罍子》라는 책에 실린 내용이 눈에 선하게 보일 듯한 곳이다.

어떤 선비가 몹시 가난하게 살면서도 밤이면 밤마다 향香을 피우고 하늘에 기도를 올리는 것을 그치지 않았다. 날이 갈수록 성의를 다하자, 하루 저녁에 갑자기 공중에서 목소리가 들렸다.

"상제上帝께서 너의 성의를 아시고 나로 하여금 네가 원하는 바를 물어오게 하였다."

이 말을 듣고 선비가 이렇게 대답했다고 한다.

"제가 원하는 매우 작은 것입니다. 감히 너무 큰 것을 원하는 것이 아닙니다. 이 인생은 의식衣食이나 조금 넉넉하여 산수山水를 유람하며 유유자적하다가 죽었으면 만족하겠습니다."

그의 말을 듣고서 공중에서 크게 웃으면서 다음과 같이 답했다.

"그것은 천상계天上界 신선神仙들이 즐기는 낙樂인데, 어찌 쉽게 얻을 수 있겠는가? 만일 부귀富貴를 구한다면 가능할 것이다."고 대답했다.

이 말이 결코 헛된 말이 아니다. 세상에 빈천貧賤한 사람은 굶주림과 한파, 기한飢寒에 울부짖고 부귀한 사람은 또 명리名利에 분주하여 종신토록 거기에 골몰한다. 생각해 보건대, 의식이 조금 넉넉하여 아름다운 산수 사이를 유람하며 유유자적하는 것은 참으로 인간의 극락極樂이건만, 하늘天公이 매우 아끼는 바이기에 사람이 가장 쉽게 얻을 수 없는 것이다. 비록 그러나 필문규두蓽門圭竇(사립문과 문 옆의 작은 출입구. 가난한 집을 뜻함)에 도시락 밥 한 그릇 먹고, 표주박 물 한 잔 마시고서 고요히 방 안에 앉아 천고千古의 어진 사람들을 벗으로 삼는다면 그 낙樂이 또한 어떠하겠는가? 어찌 반드시 낙이 산수 사이에만 있겠는가.

산천이 아름답고 청
명한 곳에서 마음 맞는
사람과 정을 나누며 조
촐한 행복을 느끼면서
사는 것이 그리 어려운
일이 아닐 것이다. 그런
데도 사람들은 이런저
런 조건을 붙여 만족하

낙산사 의상대

지 못하고 헤매고 있는 것은 아닌지 모르겠다.

자연에 순응하며 자연과 벗하여 살면 한 가지의 도道는 터득할 듯
싶다. 더구나 산 좋고 물 좋은 이곳 둔전리의 아늑하고 포근한 마을
에서 설악을 등지고 살아간다면 그 삶이 얼마나 아름다울까?

 교・통・편

양양의 낙산사로 들어가는 7번 국도에서 속초 방면으로 4.5km를 가면 좌측으
로 속초공항 쪽으로 가는 325번 군도가 나온다. 그 길을 따라 5km쯤 가면 석
교리에 이르고, 그곳에서 다리를 건너면 둔전리이다. 또 그곳에서 3km쯤 가면
진전사지에 닿는다.

강원도 평창군
팔석정에 앉아서

가끔은 말이 통하지 않는 사람보다 내 옆에 있는 사물과 혼자서 나누는 대화가 나을 때가 있다. '사람만이 사람을 그리워한다.'고 말하면서도 '사람만이 사람을 멀리할 수도 있다'는 것을 잘 알지만 어쩔 수가 없는데, 명나라 사람인 오종선奧從先이 지은 《소창청기小窓 淸紀》에는 다음과 같은 글이 실려 있다.

청산靑山을 대하는 것이 속인俗人을 대하는 것보다 낫다.

명나라 사람 손일원孫一元(1484~1520)이 서호에 숨어살 때 조정에서 높은 관직에 있는 사람이 찾아왔다. 그를 전송하러 온 손일원은 먼 산만 바라볼 뿐, 한 번도 그 사람과 얼굴을 마주하지 않았다.

그러한 모습을 괴이하게 여긴 벼슬아치가 다음과 같이 물었다.

"그처럼 산을 바라보고 있는데 산이 그렇게 좋으시오."

이 말을 들은 손일원은 다음과 같이 답했다.

"산이 좋은 것은 아니지만, 청산靑山을 대하는 것이 속인俗人을 대하는 것보다 낫지요."

사람이 사람을 만나는 것이 거북할 때가 있다. 사람이 싫어지거나 세상에서 벗어나고 싶을 때 가기만 하면 마음이 편안해지는 곳은 어디일까?

강원도 평창군 봉평면 평촌리는 본래 강릉군 봉평면 지역으로 쑥이 많은 벌판이었으므로 봉평蓬坪이라 하였는데, 고종 광무 10년인

평창군 봉평면 평촌리에 있는 팔석정은 홍정천 물가에 위치하고 있다.

문인이자 서예가인 양사언이 신선처럼 경치를 즐겼다는 팔석정 풍광

1906년에 평창군에 편입되고, 1914년 행정구역 폐합에 따라, 후근내
와 쇠판동을 병합하여 평촌이라고 하였다.

평촌리에 있는 팔석정八夕亭은 홍정천의 물가에 위치하고 있
는 명승지를 말한다. 조선 전기의 문인이며 서예가인 양사언楊士彦
(1517~1584)이 강릉부사로 부임하던 중 그 당시에 강릉부 관할이던 이
곳에 이르렀다. 아담하면서도 그 자연 경치가 빼어난 풍광에 감탄하
여 하루 동안만 머물다 가고자 하였는데, 너무 마음에 들어 정사도
잊은 채 여드레 동안을 신선처럼 자유로이 노닐며 경치를 즐기다가
갔다는 곳이다.

그 뒤 양사언은 이곳에 팔일정八日亭이란 정자를 세우고 매년 봄과
여름, 그리고 가을에 세 차례씩 찾아와서 시상詩想을 다듬었다고 한

다. 그가 지은 정자의 자취는 현재 남아 있지 않다. 양사언이 강릉부사를 그만두고 고성부사로 옮겨가게 되자 이별을 아쉬워하며 정자 주변에 있는 여덟 개의 큰 바위에 저마다 이름을 지어주었다.

봉래蓬萊(전설 속 삼신산 중의 하나인 금강산), 방장方丈, 영주瀛州(전설 속 삼신산 중의 하나인 한라산), 석대투간石臺投竿(낚시하기 좋은 바위), 석지청련石池靑蓮(푸른 연꽃이 피어 있는 돌로 만든 연못), 석실한수石室閑睡(방처럼 둘러싸여 낮잠을 즐기기 좋은 곳), 석평위기石坪圍棋(뛰어오르기 좋은 흔들바위). 석구도기石臼搗器(바위가 평평하여 장기 두던 곳)라고 지었다. 그 바위들은 주변의 풍치와 어울려 절경을 이루고 있다.

아기자기한 기암괴석과 그 바위를 의지 삼아 휘어지고 늘어진 소나무, 그리고 햇빛을 받아 반짝이는 물결은 절묘한 아름다움을 보여

양사언이 여덟 개의 바위마다 저마다 모양새에 맞게 이름을 지어 주었다고 하는 팔석정.

팔석정에서 흐르는 강물을 보면 마치 신선이 된 듯하다.

주고 있다. 팔석정 밑에 있는 구룡소九龍沼는 용 아홉 마리가 등천하
였다는 곳이고, 팔석정으로 들어가는 소는 도래소到來沼라고 부른다.
그곳에 가서 바위 둘레에 적힌 글들을 바라보며 시공을 초월하여 옛
사람을 생각하는 것도 좋지만 뭐니 뭐니 해도 시원하게 흐르는 냇물
과 널찍널찍한 바위가 인상적이다. 팔석정에서 흐르는 강물을 내려다
보면 어쩌면 신선이 된 듯한 착각에 사로잡히게 된다.

　이렇게 아름다운 풍경에 같이 풍경이 되어 앉아 있다 보면, "산을
보고 사는 사람은 심성心性이 깊어지고, 물을 보고 사는 사람은 심성
心性이 넓어진다."는 옛 사람들의 풍수설에 합당한 곳이 바로 '이곳'
이라고 깨닫게 된다.

　이곳 역시 재미난 지명들이 많이 있다. 평촌리 서쪽 산밑 강가에 있
는 바위는 모양이 배[船선]와 비슷하다고 하여 선바위라고 부르고, 선

바위가 있는 골짜기를 선바웃골이라고 부른다.

평촌 동북쪽에 있는 골짜기는 예전에 호랑이가 들어 있었다고 해서 범든골이고, 꽃밭골이라고 부르는 꽃벼루라는 골짜기는 벼루가 지고 꽃이 많이 피기 때문에 붙여진 이름이다.

평촌 동북쪽 골짜기에 있는 썩은새라고도 부르는 후근내마을은 조선 중엽에 석은石隱이라는 이씨가 살았다는 마을이고, 남안동 남쪽 골짜기에 있는 쇠파니금산동마을은 예전에 쇠를 캤다는 마을이다.

이곳에서 가까운 평창군 봉평면 백옥포리白玉浦里의 '판관대判官垈'는 신사임당申師任堂(1504~1551)이 율곡 이이李珥(1536~1584) 선생을 잉태한 곳으로 알려져 있다. 율곡의 아버지인 이원수李元秀(1501~1561)가 재직한 수운판관水運判官을 따서 '판관대判官垈'라 이름 지었는데, 수운판관이란 세금으로 거둔 곡식을 배로 실어 나르는 일을 하는 관직이다.

신사임당이 율곡 이이를 임신한 곳으로 알려진 판관대

하지만 율곡을 잉태할 당시當時인 1536년에 이원수 공의 관직官職
이 수운판관水運判官이었다는 설이 있으나, 이 원수 공이 수운판관이
된 때가 1550년임을 고려해 볼 때 와전된 것이라고 볼 수 있다.

봉산 서쪽에는 모양이 매우 수려한 삼신산三神山이 있고, 평촌리
동남쪽에는 그 모양이 머리에 쓰는 관모와 비슷한 관모봉이 있다.
평촌마을 뒤에 있는 봉산蓬山은 예전에는 덕봉德峯이라고 하였는데,
양사언이 이 산에서 놀고 간 뒤로 봉산이라고 지었고, 평촌에 있는
율곡 이이를 모신 사당이 봉평서재峯坪書齋라고 부르는 봉산서재蓬山書
齋이다.

봉산서재는 이곳에서 율곡이 잉태된 사실을 후세에 전하기 위해
이 고을 유생들이 1906년에 창건創建한 사당祠堂인데 그 배경은 다음

이항로와 이이를 모신 봉산서재

32

과 같다.

이곳에 살고 있던 홍재홍洪在鴻 등의 유생들이 율곡과 같은 성인이 이 마을에서 태어났다고 상소를 올려 1905년에 판관대를 중심으로 한 10리 땅을 하사받았고, 유생들이 성금을 모아 이이의 영정을 모신 봉산서재를 지은 뒤 봄 가을로 제사를 지냈다.

율곡의 태몽이 서린 마을

봉평 시가지 진입로 국도변 평촌리 동편 산기슭에 위치한 봉산서재는 이이의 출생에 얽힌 전설 같은 이야기가 서려 있는 곳이다.

이이의 부친 이원수는 어머니인 신사임당에 가려서 잘 알려지지 않은 사람이다. 그가 수운판관이라는 벼슬살이를 하던 조선 중종中宗 1530년경 때의 일이다.

사임당 신씨와 결혼한 뒤 관직을 얻기 위해 처가인 강릉에서 과거를 보러 서울을 오르내리게 되었는데, 오고가는 것이 쉬운 일이 아니었다. 이에 신사임당은 과거 길의 중간쯤에 해당하는 평창군 봉평면 백옥포리白玉浦里에 거처를 정하고 이곳에서 함께 생활하며 남편의 뒷바라지를 하게 되었다.

이원수가 인천에서 수운판관을 지내

율곡 이이

던 무렵 신사임당을 비롯 그의 식구들이 산수가 아름다운 이곳 봉평의 판관대에 머물고 있었다. 오랜만에 휴가를 얻은 이원수가 가족들이 살고 있던 봉평으로 오던 중이었다.

평창군 대화면의 한 주막에서 여장을 풀게 되었는데, 그 주막 여주인은 그 전날 밤 용龍이 가슴에 가득히 안겨오는 기이한 꿈을 꾸었다. 하늘이 점지해주는 뛰어난 인물을 낳을 예사롭지 않은 꿈이라는 것을 짐작한 주모는 누군지 알 수 없는 그 사람만을 기다리고 있었다.

그때 이원수가 그 주막에 들어왔는데, 일이 잘되기 위해서 그랬는지는 몰라도 그날 그 주막에는 손님이 이원수뿐이었다. 주모가 이원수를 바라보자 그의 얼굴에 서린 기색氣色이 다른 사람들과 전혀 달랐다.

주모는 여러 가지 방법을 동원하여 이원수를 하룻밤을 모시려고 했으나 그의 거절이 완강하여 뜻을 이루지 못했다.

이 무렵 친정 강릉에 가 있던 신사임당도 역시 똑 같이 용이 품안으로 안기는 꿈을 꾸고는, 언니의 간곡한 만류를 뿌리치고 140리 길을 걸어 곧바로 집으로 돌아왔다.

주모의 청을 거절한 이원수도 그날 밤 집에 도착하여 부부간에 회포를 풀었는데, 이날 바로 신사임당이 율곡을 잉태한 것이다.

며칠간을 신사임당과 지낸 이원수가 다시 인천으로 돌아가는 길에 주막의 주모가 생각이 나서 찾아가 "이제 주모의 청을 들어주겠다."고 하자 주모가 그의 청을 거절하면서 말하기를, "손님을 그날 하룻밤 모시고자 했던 것은 신神이 점지한 영특한 아들을 얻기 위해서였는데, 지금은 아닙니다. 이번 길에 손님은 귀한 아들을 얻으셨을 것입니다. 귀한 인물을 얻었지만 후환後患이 있으니 그것을 조심해야 합니다."하고 말하는 것이었다.

깜짝 놀란 이원수가 "그 화를 막을 방도가 있는가?"하고 묻자, 주모가 다음과 같은 방도를 알려주었다.

"밤나무 천 그루를 심으면 괜찮을 것입니다."

이원수는 주모가 시키는 대로 밤나무 천 그루를 심은 뒤 몇 해가 흘렀다. 어느 날 험상궂게 생긴 스님이 찾아와 시주를 청하면서 아이를 보자고 했다. 이원수는 주모의 예언이 생각나서 거절했다. 그러자 중은 밤나무 천 그루를 시주하면 아이를 데려가지 않겠다고 했다. 이원수는 쾌히 승낙하고 뒷산에 심어 놓은 밤나무를 모두 시주했다. 그러나 썩은 밤나무 한 그루가 있어서 한 그루가 모자랐다. 깜짝 놀란 이원수가 사시나무 떨듯 떨고 있

는데, 숲속에서 나무 한 그루가 "나도 밤나무다!"고 소리를 쳤다. 그 소리를 들은 스님은 호랑이로 변해서 도망쳤다. 그때부터 '나도밤나무'라는 재미 있는 나무 이름이 생겼다고 한다.

나도 밤나무는 "낙엽 활엽 소교목으로 꽃은 유월에 피고 열매는 9월에 익는다. 목재를 태우면 향기가 나며

화서 이항로 선생의 존영

거품이 난다."고 알려져 있다.

　현재는 서재경내書齋境內의 재실齋室엔 율곡 이이 선생과 화서華西 이항로李恒老(1792~1868) 선생의 존영尊影를 모시고 이 고장의 유림儒林과 주민들이 가을에 제사를 봉행奉行하고 있다.

　경치가 아름답기 그지없는 팔석정과 율곡 이이와 그의 부모의 이야기가 숨어 있는 평촌리에 터를 잡고 메밀꽃 필 무렵인 초가을에는 메밀꽃이 하얀 봉평장으로 장을 보러간다면 금상첨화일 것이다.

 교·통·편

영동고속도로 장평교차로에서 봉평 쪽으로 4.4km를 가면 봉산서재가 있으며, 바로 근처에 팔석정이 있다. 〈메밀꽃 필 무렵〉의 작가 이효석이 태어난 창동리가 그곳에서 멀지 않다.

03

강원도 영월군
법흥사 아랫마을 대촌

바람이 산들산들 불어온다. 그 바람은 덥지도 차지도 않고
세거나 약하지도 않게 기분 좋도록 분다.
그 바람이 갖가지 보석 그물과 보석 나무 사이를
스치고 지나가면 한없이 미묘한 법음을 내고
갖가지 우아한 덕의 향기를 풍긴다. 이 같은 소리를
듣거나 향기를 맡으면 번뇌의 때가 저절로 사라지고
덕풍이 몸에 닿으면 심신이 저절로 상쾌해진다.

《무량수경無量壽經》에 나오는 말이다. 그렇게 아름다운 바람을 맞
는다는 것은 얼마나 상쾌하고 즐거운 일일까? 그 바람을 두고 마거
릿 애트우드Margaret Atwood(1939~, 캐나다의 소설가이자 시인)는 다음과 같이

법흥사 가는 길

말하기도 했다.

"바람결에 무엇이 있는지 물어보라. 신성한 것이 무엇인지 물어보라."

신성하기도 하고 산뜻해서 안아주고도 싶은 바람을 생각하다 보면 생각나는 곳이 있다. 나라 안에 다섯 군데밖에 없는 적멸보궁을 간직한 절인 법흥사가 있는 강원도 영월군 수주면 법흥리이다. 이 지역은 본래 영월군 우변면 지역인데, 1914년 행정구역 개편에 따라 사자리 도곡리 일부를 병합하여 법흥사의 이름을 따서 법흥리라고 지었다.

도화동과 무릉동이 이곳에 있다.

이중환李重煥(1690~1752)은 그의 저서《택리지》에서 이 근처를 일컬어 "치악산 동쪽에 있는 사자산은 수석이 30리에 뻗쳐 있으며, 법천강의 근원이 여기이다. 남쪽에 있는 도화동과 무릉동도 아울러 계곡의 경치가 아주 훌륭하다. 복지福地라고도 하는데, 참으로 속세를 피해서 살만한 지역이다."라고 하였는데, 아름드리 소나무가 우뚝우뚝 솟아

법흥사 입구

있는 사자산은 높이가 1,150m로 법흥사를 처음 세울 때 어느 도승
이 사자를 타고 온 산이라고 한다.

산삼과 옻나무, 그리고 가물었을 때 식량으로 사용한다는 흰 진
흙과 꿀이 있는 그래서 네 가지 보물이 있는 산인 즉 '사재산四財山'
이라고도 부르는 이 산이 사자산이다. 이 산에 신라 때의 고승 자장
율사가 지은 절로 구산선문九山禪門 중에 한 곳인 법흥사가 있다.

"치생治生 생활의 법도를 세움을 함에 있어서는 반드시 먼저 지리地
理를 가려야 한다. 지리는 물과 땅이 아울러 탁 트인 곳을 최고로 삼
는다. 그래서 뒤에는 산이고, 앞에 물이 있으면 곧 훌륭한 곳이 된다.
그러나 또한 널찍하면서도 긴속緊束해야 한다. 대체로 널찍하면 재리
財利가 생산될 수 있고, 긴속하면 재리가 모일 수 있는 곳이다."

조선시대의 풍운아인 허균許筠(조선시대의 문신, 소설가, 1569~1618)이 지은
《한정록閑情錄》에 실린 여러 가지 사람이 살아갈 만한 조건을 갖춘

신라의 고승 자장율사가 창건한 법흥사

곳이 바로 법흥사 부근이다.

　영월군 주천면을 지나 주천강을 따라가다가 요선정이 있는 미륵암 부근에서 법흥천을 거슬러 올라가다 만나는 곳이 광대평廣大坪이다. 법흥리에서 가장 들이 넓고 전답이 많았다는 광대평을 지나 한참을 오르면 그 지형이 고기가 물결을 희롱하며 놀고 있는 형국이라는 유어농파형遊魚弄波形의 명당이 있다는 응어터마을이다. 그곳에서 법흥사 아랫마을인 대촌大村이라고도 부르는 사자리는 멀지 않다. 깊숙한 산골인데도 제법 넓게 펼쳐진 들판에서 관음사 가는 길과 법흥사가 있는 절골로 가는 길이 나뉜다.

　법흥사는 대한불교 조계종 제4교구인 월정사의 말사로 신라의 고

40

승 자장율사慈藏律師가 선덕여왕 12년(643)에 창건한 절이다. 당나라에서 돌아온 자장율사는 오대산 상원사, 태백산 정암사, 영취산 통도사, 설악산 봉정암 등에 부처의 진신사리를 봉안하고, 마지막으로 이 절을 창건한 뒤에 진신사리를 봉안했으며, 그 당시 절 이름은 흥녕사興寧寺였다.

그 뒤 헌강왕 때 징효대사 절중澄曉大師 折中(826~900)이 중창하여 선문구산禪門九山 중 사자산문獅子山門의 중심 도량으로 삼았다. 징효대사 절중은 사자산파를 창시한 철감선사 도윤澈鑒禪師 道允(798~868)의 제자로 흥녕사에서 선문을 크게 중흥시킨 인물이다. 그 당시 헌강왕은 이 절을 중사성中使省에 예속시켜 사찰을 돌보게 하였다. 그러나 이 절은 진성여왕 5년인 891년에 불에 타고 944년 혜종 1년에 중건했다.

그 뒤 다시 불에 타서 천년 가까이 작은 절로 명맥만 이어오다가 1902년 비구니 대원각大圓覺이 중건하고 법흥사로 이름을 바꾸었다. 1912년 또다시 불에 탄 뒤 1930년에 중건했으며, 1931년 산사태로 옛 절터의 일부와 석탑이 유실되었다.

주차장에 차를 세우고 사자산 쪽을 바라보면 흥녕사에서 선문을 크게 열었던 징효대사 절중의 부도와 부도비가 세워져 있다. 징효대사의 부도비는 보물 제612호로 징효대사의 행적과 당시의 포교 내용이 새겨져 있고, 고려 혜종 1년에 세웠다는 기록이 남아 있다.

소나무 숲이 너무도 아름다운 절

나라 안에 이름난 소나무 숲이 여러 곳 있지만, 내가 가장 좋아하는 소나무 숲은 이곳 법흥사의 적멸보궁으로 올라가는 길에 있다.

"나무는 별에 가닿고자 하는 대지의 꿈이다."라는 빈센트 반 고흐Vincent van Gogh(네덜란드의 화가, 1853~1890)의 말을 입증하기라도 하듯, 하늘을 찌를 듯 우뚝우뚝 솟아 있는 아름드리 소나무 숲길을 걸어 올라가면 법흥사 선원이 있으며, 그 우측에 항상 흐름을 멈추지 않는 우물이 있다.

그곳에서 구부러지고 휘어지는 오솔길을 돌아 올라가면 법흥사 적멸보궁이 있다. 정면 3칸, 측면 2칸의 팔작집인 적멸보궁 안에는 불상이 안치되어 있지 않고 유리창 너머 언덕에 석가모니의 진신사리

법흥사 적멸보궁

법흥사 적멸보궁 뒤 승탑

를 봉안하였다는 사리탑이 보인다.

　그러나 진신사리 탑일 것이라는 부도탑은 어느 스님의 부도일 뿐이고, 정작 진신사리는 영원한 보존을 위해 자장율사가 사자산 어딘가 아무도 모르는 곳에 숨겨 두었다고 한다.

　그런 까닭에 가끔씩 사자산 주변에 일곱 빛깔의 무지개가 서린다고 한다. 사리탑 옆에는 자장율사가 수도했던 곳이라는 토굴이 마련되어 있고, 그 뒤편 사자산의 바위 봉우리들이 웅장한 자태를 뽐내고 있다. 적멸보궁에서 내려오는 길에 우뚝우뚝 서 있는 소나무를 만날 수 있다. 어쩌면 오랜 그리움의 한 자락 같기도 하고, 보고 싶은 어떤 사람 같기도 한 그 소나무들 중 한 그루를 나는 "내 사랑 소나무"라고 점찍어 두고 가까이 다가가 두 팔을 벌려 껴안아 본다. 까실까실하게 오래도록 부대낀 세월의 무게로 내 가슴속에 한 점 그리움으로 안겨 오는 소나무와 이리 보아도 저리 보아도 아름답게 이를 데 없는 산길이 그곳이다. 나는 가끔씩 이 법흥사를 떠올릴 때마다 이 소나무와 적멸보궁으로 가는 길에 만나게 되는 휘어지고 굽어도는 서러움 같은 그 길들이 떠올라 주체하지 못할 때가 있다.

이 법흥리 부근은 산이 높고 골이 깊기 때문에 높은 고개들이 많다. 도마니골에서 엄둔으로 넘어가는 재는 엄둔재이고, 어림골에서 주천면 판운리로 넘어가는 고개는 숲이 무성하다 하여 어림치라고 부르며, 법흥리에서 횡성군 안흥면 상안흥리로 넘어가는 고개는 안흥재이다.

법흥사 북쪽에 있는 고인돌에서 평창군 방림면 운교리로 넘어가는 재는 마루턱에 서낭당이 있어서 당재이고, 절골에서 도원리로 넘어가는 재는 널목재, 절골에서 엄둔으로 넘어가는 고개는 능목재라고 부른다.

법흥리 서북쪽에 있는 마장동은 예전에 말을 먹이던 마을이고, 응어터 동남쪽에 있는 무릉치마을은 임진왜란 당시 평창군수 권두문 權斗文(1543~1617)과 이방 지智 씨가 함께 왜놈들에게 포로로 잡혔다가 탈옥하여 수풀이 무성한 이곳으로 넘어왔다고 해서 지어진 이름이다.

마음도 머물고 몸도 머물고 싶은 계곡

법흥천을 따라 한참을 내려오면 주천강과 백덕산에서 내려온 두 물줄기가 만나는 수주면 무릉리의 작은 산에 '요선정邀僊亭'이라는 아담한 정자가 있다. 숙종 임금이 지은 시詩와 이곳을 찾았던 여러 선인들이 남긴 글들이 여러 개 걸려 있다.

그 앞에 물방울같이 생긴 큰 바위가 있으며, 그 바위에 새겨진 마애여래좌상이다. 통통한 두 눈과 큼지막한 입과 코, 그리고 큰 귀를 가진 마애여래좌상은 상체는 비교적 원만한데 하체가 워낙 커서 바라보기가 부자연스럽다. 그 뒤쪽에 서서 바라보면 아찔한 벼랑에 큰 너럭바위가 있고, 오래된 소나무가 그 벼랑에 길게 드리워져 있다. 백덕산과 구룡산에서 흘러내린 두 물줄기가 하나로 만나는 그 풍경이 소나무 가지 사이로 보인다.

멀리 바라보면 산들은 첩첩하고 물은 실타래를 풀어놓은 듯 푸르고 그침이 없이 흐르는 평창강은 서강이 되어 영월읍에서 동강과 몸을 합한 뒤 남한강으로 새로 태어나 단양, 충주, 여주로 흐르고 흐를 것이다.

요선정에서 주천강을 바라보는 것도 대촌에서 첩첩이 포개진 백덕산을 바라보는 것도 좋은 일이지만, 그처럼 절묘한 산수山水와 오래된 나무들이 살아 숨 쉬는 곳에 자리를 잡고 아침과 저녁을 맞는다면

영월 요선정에서

영월 서강 요선정 부근

얼마나 가슴이 설레면서 가뿐할까?

> 사랑하는 사람을 가지지 말라
> 미운 사람을 가지지 말라
> 사랑하는 사람은 못 만나 괴롭고
> 미운 사람은 만나서 괴롭다

문득 《법구경法句經》의 한 구절이 떠오를지도 모른다. 그래서 나는
가끔씩 사람이 아닌 자연임에도 불구하고 그리워하는 무릉리 마애여
래좌상이나 법흥사를 찾아가 앉아 있기도 하고, 망연하게 바라보고
또 바라볼 때가 있다. 그래도 채워지지 않는 그 무엇이 있어서 마애
여래불과 소나무, 그리고 잔잔하게 흐르는 강물을 바라보면서 제임

46

스 조이스James Augustine Aloysius Joyce(아일랜드의 소설가, 시인, 1882~ 1941)의 말 한마디를 떠올릴 때도 있다.

"나는 흘러가는 모든 것을 사랑한다."

"산봉우리들이 비스듬히 물과 구름 속으로 뻗치니 푸른 나귀를 거꾸로 타고 저녁 바람에 선다."고 노래했던 송지末贊와, "하나하나

영월 요선정

요선정의 소나무

소강변의 한반도마을

시속時俗을 물으니 화락和樂하여 옛 풍속이 있네"라고 영월 땅을 노
래했던 정구鄭矩(1350~1418)의 시 한 구절을 떠올리며 바라보면 흐르는
물빛에 덩달아 세월도 흐르고 산 그림자는 저문 강물에 시간이 흐를
수록 짙어지고, 그리고 지금도 무심히 세월은 흐르고 있을 것이다.

 교 • 통 • 편
영월에서 제천 쪽으로 38번 국도를 따라가다 북쌍리 삼거리에서 우회전하여
402번 지방도를 타고 가면 주천면이고, 그곳에서 평창으로 가는 82번 도로를
따라 1.5km쯤 가다 좌회전하여 가면 수주면에 이른다. 수주면의 무릉리에서
9.2km를 가면 법흥사가 있는 절골이다.

04

경북 봉화군 봉화읍
닭실마을과 청암정

마을마다 모정茅亭(짚이나 새 따위로 지붕을 인 정자)이 많은 호남지방과 달리 영남지방에는 아름다운 정자亭子들이 많이 있다. 고려 때의 문장가인 이규보李奎報(1168~1241)가 지은 《사륜정기四輪亭記》에는 "사방이 확 트이고 텅 비고 높다랗게 만든 것이 정자"라고 하면서, 그 정자의 기능을 손님 접대도 하고 학문을 겸한 풍류를 즐기는 곳으로 보았다.

그는 정자에는 여섯 명이 있으면 좋다고 하였다. 여섯 사람이란 거문고를 타는 사람, 노래를 부르는 사람, 시에 능한 스님 한 사람, 바둑을 두는 두 사람, 그리고 주인까지 여섯 명이다.

아름답기 이를 데 없는 정자가 있는 마을

한적한 산기슭이나 강가, 그리고 서원에 딸린 정자가 아니라 집
안에 있으면서도 그 높은 품격을 그대로 보여주고 있는 정자가 봉화
군 봉화읍 유곡酉谷마을에 있는 청암정이다.

닭실마을 전경

마을 입구에 들어서서 마을을 보면 산자락 아래 포근하게 펼쳐진
마을이 한눈에 들어오는 유곡마을은 유곡 권씨라고도 부르는 안동
권씨의 집성촌이다.

경상북도 봉화군 봉화읍 유곡리에 있는 닭실이라고 부르는 유곡

마을은 금계포란형金鷄抱卵形의 명
당이 있다고 하여 닭실 또는 유
곡이라고 부른다. 닭실 뒤에 있는
산은 벼슬재(280m) 또는 배루리령
培婁里嶺. 또는 백설령이라고도 부
르는데, 이 마을 동북쪽에 있는
문수산 자락이 병풍처럼 둘러쳐
서남으로 뻗어 내렸다고 본다. 그
정상 부근이 하얗게 보이고 닭의
벼슬처럼 생겼다. 이 마을 서쪽의
산에서 바라보면 영락없이 금닭
이 알을 품은 형국이다.

닭실마을 가는 길

닭실 동남쪽에 있는 옥적봉玉笛峯은 옛날에 신선이 이 산에서 옥
저玉箸를 불었다고 하고, 옥적봉 옆에 있는 모롱이를 화산 모롱이라
고 부른다. 이 마을을 경주의 양동마을, 안동의 내앞마을, 풍산의
하회마을과 함께 '삼남의 4대 길지'의 하나로 꼽았던 이중환李重煥
(1690~1752)의《택리지》에는 다음과 같은 글이 실려 있다.

"안동의 북쪽에 있는 내성촌은 곧 이상貳相(두 번째 재상이라는 뜻) 권
벌權橃(1478~1548)이 살던 옛터로 청암정이 있다. 그 정자는 못 중앙
의 큰 바위 위에 서 있어 섬과 같으며, 사방은 냇물이 둘러싸인 채
흐르므로 제법 아늑한 경치가 있다."

대개 길지라고 해도 어떤 사람들은 '길지다'라고 하는데, 어떤 사람들은 '아니다'라고 하는 경우도 있다. 그래서 청나라의 심호沈顥라는 사람은 그 당시 중요한 두 유파를 다음과 같이 설명하고 있다.

"만약 어느 한 유파의 풍수가가 그 내용과 이유를 알지도 못하면서 다른 유파를 비난한다면 상대방이 반론을 펼 수 있으므로 상대방에 대한 반론이 성공하기 위해서는 서로가 상대의 주장 내용을 잘 이해하고 있어야 한다."

그러나 대부분의 풍수가들은 자기 스스로만이 풍수에 대해서 제대로 아는 사람이라고 생각하고 다른 사람들은 대부분 제대로 알지 못한다고 생각하는 경향이 있다. 그런 상황인데도 불구하고 거의 모든 풍수가들이 길지吉地 중의 길지라고 말하는 이곳에 경상도에서도 이름난 성씨인 안동 권權씨 충재冲齋 권벌權橃(1478~1548)의 종가가 자리 잡고 있다.

어려서부터 문장에 뛰어났던 권벌은 1507년에 문과에 급제하였지만, 연산군에게 직언을 올렸다는 이유로 죽임을 당한 내시 김처선의 이름자와 같은 '처處'자가 글에 있다는 이유로 취소되었다.

3년 뒤인 1507년에 다시 급제하여 관직에 오른 그는 사간원, 사헌부 등을 거쳐 예조참판에 이르렀고, 중종 때에 조광조趙光祖(1482~1519), 김정국金正國(1485~1541) 등 기호사림파畿湖士林派가 중심이 되어 추진한 개혁정치에 영남사림파嶺南士林派의 한 사람으로 참여하였다. 하지만 1519년 훈구파가 사림파를 몰아낸 기묘사화에 연루되어 파직 당하자 고향으로 돌아왔다.

그 뒤 15년 동안을 고향에서 지내다가 1533년에 복직되어 명나라에 사신으로 다녀왔으며, 1545년에는 의정부 우찬성에 올랐다. 그해 명종이 즉위하면서 을사사화가 일어나자 윤임尹任(1487~1545) 등을 적극 구하는 계사를 올렸다가 파직되었고, 1547년 양재역벽서사건에 연루되어 삭주로 유배되었다가 이듬해에 세상을 떠났다.

그는 1567년에 신원伸寃 되었으며, 선조 24년에는 영의정에 추증되었는데, 현재 닭실마을에 남아 있는 유적들은 그가 기묘사화로 파직되었던 동안 머물면서 일군 자취들로 사적 및 명승 제3호로 지정되었다

권벌이 예문관 검열로 재직할 때의 일기인 《한원일기翰苑日記》와 1518년 부승지와 도승지로 재직할 때에 남긴 《승선일기承宣日記》 등 그가 남긴 일기 7책을 《충재일기沖齋日記》라고 해서 보물 제261호로

권벌 종택

한수정

지정되어 있다. 독서를 좋아해서 《자경편》과 《근사록近思錄》을 항상 품속에 지니고 다녔다는데, 《근사록》은 고려시대인 1370년에 간행된 것이어서 희귀할 뿐만이 아니라 중종에게서 하사받았던 것이라 보물 제262호로 지정되어 있고, 권벌이 중종에게서 받은 책과 15종 184책의 전적은 보물 제896호로 지정되어 유물 전시관에 보존되어 있다.

또한 중종이 권벌에게 내린 교서를 비롯 이 집안에서 자식들에게 재산을 나누어 줄 때 기록해 놓은 분재기分財記와 호적단자를 비롯 1690년에 그린 《책례도감계병冊禮都監稧屛》 등 고문서 274점은 보물 제902호로 지정되어 있다.

종택의 서쪽에 있는 작은 쪽문을 나서면 서재인 충재沖齋가 보이고, 충재 너머 서 있는 건물이 조선 중종 때 세웠다는 청암정이다. 청암정은 권벌이 1526년 봄에 자신의 집 서쪽에 재사를 지은 뒤, 다시 그쪽의 바위 위에다 6칸을 짓고서 주변에 물이 휘돌아가게 만든 정자이다.

충재에서 공부를 하다가 머리를 식히며 휴식을 취하기 위해 지은 청암정은 커다랗고 널찍한 거북 바위 위에 올려 지은 J자형 건물이다. 6칸으로 트인 마루 옆에 2칸짜리 마루방을 만들고 건물을

봉화 한수정

빙 둘러서 흐르는 연못인 척촉천擲蠋泉에 놓여진 돌다리를 건너가게 만든 이 청암정에 퇴계 이황李滉(1501~1570)이 예순다섯 살 무렵에 와서 남긴 시 한 편이 전해져 온다.

내가 알기로는 공이 깊은 뜻을 품었는데,
좋고 나쁜 운수가 번개처럼 지나가버렸네.
지금 정자가 기이한 바위 위에 서 있는데,
못에서 피고 있는 연꽃은 옛 모습일세.
가득하게 보이는 연하는 본래 즐거움이요
뜰에 자란 아름다운 난초가 남긴 바람이 향기로워,
나같이 못난 사람으로 공의 거둬줌을 힘입어서
흰머리 날리며 글을 읽으니 그 회포 한이 없어라.

난초가 남긴 바람이 향기로운 곳

거북이와 같이 생긴 바위가 있다고 해서 구암정龜岩亭이라고도 부르는 청암정은 자연과 인공이 결합한 바위섬 위에 세워진 정자이다.

이언적李彦迪(1491~1553), 이현보李賢輔(1467~1555), 손중돈孫仲暾(1463~1529) 등과 교류했던 권벌은 23세가 연하인 퇴계 이황과도 학문을 논했다고 한다. 그래서인지 청암정에는 권벌과 이황, 채제공(1720~1799), 미수眉叟 허목許穆(1595~1682) 등 조선 중기와 후기를 빛냈던 명필들의 글씨로 새긴 현판들이 여러 개가 걸려 있다.

풍수지리학자인 최창조崔昌祚(1950~) 선생이 누누이 말하는 "땅을 사람 대하듯 하면 된다."는 말에 맞게 집과 정자, 그리고 산천이 이루어진 곳이 닭실마을 일대이다.

닭실마을 청암정

청암정의 돌다리

한편 권벌의 집에서 바라보이는 산기슭을 돌아간 창류벽에는 권벌의 아들 권동보權東輔(1518~1592))가 지은 석천정사石泉亭舍가 있다. 석천정 남쪽에 있는 바위를 청하동천靑霞洞天이라고 하는데, 바위에는 '신선이 사는 마을'이라는 뜻을 지닌 청하동천이라는 네 글자가 새겨져 있다.

오래 묵은 소나무들이 흐르는 물가에 그늘을 드리우고, 맑은 반석 위를 흐르는 시냇물 소리는 옥보다 맑다. 그곳에 앉아서 흐르는 물소리에 귀 기울이며, 가만히 앉아 있으면 세상이 흐르는 것인지 내가 흐르는 것인지 분간조차 할 수가 없게 된다.

그렇기 때문에 훗날 이곳을 찾았던 이익李瀷(1681~1763)은 〈충재 권벌의 닭실마을 경치〉라는 글에서 아래와 같은 말을 남겼다.

권벌의 아들 권동보가 지은 석천정사가 오른쪽에 보인다.

석천정사

"선생이 살고 있던 동문 밖은 물이 맑고 돌도 깨끗하여 그 그윽하고 아름다운 경치가 세상을 떠난 듯하였다."

내를 이 지역 사람들은 '앞에 있는 고랑'이라는 뜻에서 '앞거랑'이라고 부르는데, 지도에는 가계천으로 실려 있다.

석천정의 계곡

닭실에서 포저리浦底里로 넘어가는 고개가 비재, 부재현이라고 부르는 비티재이고, 송생松生에서 물야면物野面, 동막으로 넘어가는 고개는 대래재이다. 중말 동쪽에 있는 고개는 거북이를 닮은 돌이 있어서 구무고개(구현龜峴)이고,

벼슬재 동쪽에 있는 산은 중구대(252m)이다.

석천정에서

닭실 동쪽에 있는 토일마을은 고려시대에 토곡부곡吐谷部曲이 있던 곳이며, 토일마을의 서쪽 산기슭에는 권벌의 둘째 아들인 석천공石泉公 권동미權東美(1525~1585)가 지은 송암정이라는 정자가 있으며, 권벌의 5세손인 서설당瑞雪堂 권두익權斗翼(1651~1725)이 1708년(숙종 34)이 지은 종택 서설당이 있고, 탑평리는 토일 동쪽에 있는 마을로 탑이 있었다고 한다.

"무릇 주택지住宅地에 있어서, 평탄한데 사는 것이 가장 좋고, 4면이 높고 중앙이 낮은데, 살면 처음에는 부富하고 뒤에는 가난해진다."

홍만선洪萬選(1643~1715)이 지은 《산림경제山林經濟》에 실린 글과 같이 평지에 자리 잡은 닭실마을이 있는 봉화는 경북 지방에서도 가장 오진 곳 중의 한 곳이다. 이렇게 외지고 구석진 곳이지만 나가고자 하면 중앙고속도로나 태백 방향으로 난 길이 많다.

하지만 조용한 곳, 산천의 경치가 좋고 인심 좋은 곳에서 하루하루를 보내는 것은 누구나 꿈꾸는 것이 아닐까?

"눈에 보이지 않는 것은 제가 아무리 화려한 것이라도 나와 무슨 관계가 있겠으며, 귀에 들리지 않는 것은 제가 아무리 시끄럽게 굴더라도 나와 무슨 상관이 있겠는가? 이런 까닭에 수도修道하는 사람은, 입산을 할 때는 오직 그곳이 깊은 곳이 아닐까 걱정하며, 숲에 들어갈 때는 오직 은밀한 곳이 아닐까 걱정하는 것이다."

명나라 사람인 오종선吳從先이 지은 《소창청기小窓淸紀》에 실린 글처럼 마음을 비우고 들어가 나날을 보낼만한 곳이 봉화의 유곡마을이다.

 교·통·편

봉화읍 삼계리 사거리에서 춘양목으로 이름이 높은 춘양과 울진 방향으로 난 길을 1.1km쯤 가면 영동선 철교가 있고, 바로 그곳에서 보이는 마을이 유곡리이다.

05

경상북도 영주시 부석면
부석사

"태백산과 소백산 사이에 아름다운 절이 있는데, 신라 때의 절로 부석사浮石寺라는 절이다. 부석사 무량수전 뒤에 큰 바위 하나가 가로질러 서 있고, 그 위에 큰 돌 하나가 지붕을 덮어놓은 듯하다. 언뜻 보면 위아래가 서로 붙은 듯하나, 자세히 살피면 두 돌 사이가 서로 눌려져 있지 않다. 약간의 빈틈이 있어, 새끼줄을 건너 넘기면 거침없이 드나들어서 비로소 떠 있는 돌인 줄을 알게 된다.

부석사의 안개

절은 이것으로써 부석사라는 이름을 얻었는데 돌이 뜨는 이치는 이
해할 수 없다.'

무량수전이 있는 부석사 아랫마을

조선시대 실학자인 이중환李重煥(1690~1752)이 지은 《택리지》에 실린
글이다. 누구나 한 번쯤 가고 싶은 곳이며, 가게 되면 경탄하게 되고,
그래서 머물러 살고 싶은 곳, 그곳이 바로 부석사이다.

"나의 고독과 명상의 시간은 내가 완전히 나 자신이고, 또한 나
자신에 속해 있는 유용한 시간이다."라고 고백한 장 자크 루소Jean-
Jacques Rousseau(1712~1778)의 말이 아니라도, 내가 그 자리에 자리 잡고
있다는 것만으로도 마치 신神이나 마찬가지로 자기 자신만으로 충분

영주 부석사 무량수전

한 그런 자리와 시간이 존재하는 그런 곳이 있다. 내가 나라 안에서 처음으로 그런 느낌을 받은 곳이 바로 부석사이다.

부석사를 처음 찾았던 때가 1980년대 말쯤이었을 것이다. 지인의 학교에서 단양의 소백산 등산을 간다고 하는 바람에 얼떨결에 따라 나섰지만 나는 금세 후회하고 말았다. 원래가 조용하게 차창 밖을 바라보며 책을 읽다가, 졸다가 하는 나의 여행과는 사뭇 다른 여행 풍경이 내게 맞지 않아서였다.

아니나 다를까? 도착하자마자 저녁밥을 먹은 일행들은 잘 놀기 위해 단양으로 나갔고, 그때 생각난 사람이 철원에서 군대 생활을 할 때 고락을 같이한 전우였다.

지철호. 기억 속에서도 희미한 그 이름을 찾아 114로 전화번호를 물었고 알려준 전화번호로 전화를 걸자, 마침 군대 생활 시절 면회를 와서 결혼에 골인했던 그의 아내가 전화를 받았다.

그 친구와 희방사에서 다음 날 오후 2시에 만나기로 했다. 뒤쳐진 일행들은 상관이 없이 희방사에서 친구를 만나자마자 부석사 쪽으로 가자고 차를 몰았고, 내리자마자 주차장에서 500m 거리에 있는 부석사를 단숨에 올라갔다.

영문도 모르는 그 친구가 숨이 가쁘게 따라오며 한 말이 지금도 귓전에 생생하다.

"자네는 문화재를 굉장히 좋아하는가 봐?"

풍수지리학의 명제에 "보지 않은 것은 말하지 마라." 라는 말이 있다. 그 말과 똑같은 말이 앙드레 지드Andre Gide(노벨문학상을 수상한 프랑스의 작가, 1869~1951)의 《지상의 양식》에 실려 있다.

"서책書冊을 불살라버려라. 강변의 모래들이 아름답다고 읽는 것
만으로는 만족할 수가 없다. 원컨대 맨발로 그것을 느끼고 싶은
것이다. 어떠한 지식도 우선 감각感覺을 통해서 받아들인 것이 아
니면 아무 값어치도 없다."

앙드레 지드 《지상의 양식》의 한 구절처럼 한 번도 본 적이 없는
부석사와 가서 본 부석사, 그중에서도 조사당 가는 길옆 삼층석탑
부근에서 바라보는 풍경은 상상을 초월하는 아름다움이다.

가보지 않고서 내가 감각으로 느끼지 않고서 알 수 있는 일이 얼
마나 있겠는가?

영주 부석사

안개 속의 부석사

한 번 가고 두 번 가고 자꾸만 가도 다시 가고 싶은 절 부석사는 경상북도 영주시 부석면 북지리 봉황산 자락에 자리 잡고 있다. 신라 문무왕 16년에 속성이 김씨인 의상義湘(625~702) 이 창건한 절이다.

의상 스님은 29세에 황복사에서 불문에 들어간 뒤 660년에 당나라로 들어갔다. 장안 종남산 화엄사에서 지엄을 스승으로 모시고 불도를 닦은 의상이 670년에 당나라가 신라를 침공하려 한다는 소식을 전하려고 돌아왔다. 그 뒤 다섯 해 동안 양양 낙산사를 비롯하여 전국을 다니다가 마침내 수도처로 자리를 잡은 곳이 이곳이다.

의상 스님이 이 절에 주석하여 수많은 제자들에게 화엄사상을 가르치고 길러내면서 부석사는 화엄華嚴 종찰로서 면모를 일신하였다.

선묘 낭자의 도움으로 창건된 절

이 절에 대한 기록들은 수없이 많다. 그중 일연一然(1206~1289) 스님
이 지은 《삼국유사》에 수록된 이 절의 창건 설화를 살펴보자.

당나라로 불교를 배우기 위해 신라를 떠난 의상은 상선을 타고
등주登州 해안에 도착했다. 그곳에서 어느 신사의 집에 며칠을 머

영주 부석사의 가을

무는 동안, 그 집의 딸 선묘가 의상을 사모하여 결혼을 청하였다. 의상은 선묘의 청을 받아들이지 않자 선묘는 "영원히 스님의 제자가 되어 스님의 공부와 교화와 불사를 하는데 도움이 되겠습니다."하였다. 의상이 종남산에 있는 지엄을 찾아가 화엄학을 공부하고 신라로 떠나는 배를 타던 날, 그가 떠난다는 소식을 전해 들은 선묘가 부두에 나아갔으나 배는 이미 떠난 뒤였다.

선묘는 의상에게 주기 위해 가지고 온 옷가지가 든 상자를 바다에 던지며 "이 상자를 저 배에 닿게 해 주소서."하였더니 그 상자가 물길을 따라 의상이 탄 배에 닿았다.

선묘는 이어서 "이 몸이 용이 되어 의상 스님이 귀국하는 뱃길을 호위하게 하소서."하고는 바다에 몸을 던졌고, 소원대로 선묘는 용이 되어 의상의 무사 귀환을 도왔다. 그 뒤 온 나라를 돌아다니던 의상 스님이 부석사에 터를 잡고자 하였다.

하지만 그 당시 부석사 터에는 500여 명에 이르는 도둑들의 근거지가 되어 있었다. 그 상황을 접한 선묘가 사방 십 리나 되는 커다란 바위로 변하여 도둑들을 위협하자 두려움을 느낀 도둑들이 그 자리를 비웠다.

용이 바위로 변하여서 절을 지을 수 있도록 하였다고 여긴 의상은 절 이름을 부석사라고 지었다. 부석사의 무량수전 뒤에는 부석이라는 바위가 있는데, 그 바위가 선묘인 용이 변했던 바위라고 한다.

영주 부석사의 부석

　이 절에는 의상 스님과 선묘 낭자의 사랑 이야기만 있는 것이 아
니고, 고려 때 사람인 이인보李寅甫(?~?)와 한 여인의 사랑 이야기가
《보한재집補閑齋集》에 실려 있다.

　"고려 사천감司天監 이인보는 경주도慶州道 제고사祭告使로서 산천山
川을 돌아가며 제사를 지냈는데, 일이 끝나 돌아가던 저녁 무렵에 부
석사에 닿았다. 객우客宇가 조용하고 좌우에 사람이 없었는데, 홀연
히 한 여인이 언뜻 마루 사이로 보이더니 조금 뒤에 춤추듯 마당을
돌아와서 절을 하였다. 절을 마친 뒤에 스스로 섬돌을 올라 방에 들
어와 앉았다. 이인보는 이상하게 생각했지만 그 여인이 자색姿色이 뛰
어났으므로 차마 거절하지 못했다.

　여인이 이인보에게 말하기를, "제가 사는 곳은 여기서 멀지 않아
요. 높으신 뜻을 혼자 사모해서 왔습니다." 하고서 이인보에게 다가

왔다. 이인보는 그 여인과 사흘 밤을 함께 묵고 역참에서 숙박하고 있는데, 그 여인이 하느적하느적 따라왔다.

"왜 또 왔소." 하고 이인보가 묻자, 그 여인이 대답하기를 "뱃속에 당신의 아기가 있어요. 다시 하나를 더 하고자 한 것이요."하였다.

이인보는 새벽이 되자 작별을 고하고 홍주興州로 들어갔다. 이인보가 막 잠자리에 들려고 하는데, 여인이 또 찾아왔다. 후환이 될 것 같은 생각이 든 이인보는, 여인을 보고도 알지 못하는 듯 상대를 하지 않았다. 그러자 여인은 발끈 화를 내면서 방문을 나갔다. 그때 회오리바람이 땅을 말아 올려 그 집의 문짝 하나를 부서뜨리고 나뭇가지를 꺾어놓고 갔다."

신비하기도 하고 기이하기도 한 이러한 사연을 지닌 부석사를 품에 안은 봉황산은 충청북도와 경상북도를 경계로 한 백두대간의 길목에 자리 잡은 산이다. 서남쪽으로 선달산, 형제봉, 국망봉, 연화봉, 도솔봉으로 이어진다.

부석면 소재지에서 탑평마을을 지나면 소백산 예술촌으로 가는 935번 지방도로가 나뉘고, 사과나무 과수원 길을 오르면 부석사 주차장에 닿는다. 일주문을 지나면 마치 호위병처럼 양옆에 은행나무와 사과나무가 서 있고, 당간지주를 지나고 천왕문을 나서면 9세기쯤에 쌓았을 것으로 추정되는 대석단과 마주치고 계단을 올라가면 범종루에 이른다.

범종각은 안양루 아래에 있는 전각으로 건축 연대는 확실하지 않다. 다만 이 건축물은 조선 영조 시대에 영춘永春 현감이 자기 관내에 있는 목재를 시주하여서 중수하였다는 현판이 남아 있다. 이 범종각에는 종과 운판雲板, 목어木魚, 큰북 등이 있다. 범종각을 지나면 그 장엄한 돌 축대가 보이고, 그 돌 축대를 지탱하며 안양루가 서 있다. 안양루의 창건 연대는 알 수 없지만 조선 선조 13년에 사명당이 중창하였다는 현판이 있다. 안양문은 무량수불無量壽佛('아미타불'을 달리 이르는 말)의 세계, 즉 극락세계에 들어가는 문이라는 뜻으로 안양安養은 극락의 또 다른 이름이다.

안양루 밑으로 계단을 오르면 통일신라시대의 석등 중 가장 우수한 석등이라고 평가받고 있는 국보 제17호인 부석사 석등이 눈앞에 나타나고, 그 뒤로 나라 안에서 가장 아름다운 목조건축인 무량수전이 있다. 1916년 해체·수리할 때에 발견한 서북쪽 귀공포의 묵서에 따르면 고려 공민왕 7년(1358)에 왜구의 침노로 인해 건물이 불타

부석사 안양루

서 1376년에 중창주인 원응국사가 고쳐 지었다고 한다.

무량수전은 '중창' 곧 다시 지었다기보다는 '중수' 즉 고쳐 지었다고 보는 것이 건축사학자들의 일반적인 의견이다. 원래 있던 건물이 중수 연대보다 100~150년 앞서 지어진 것으로 본다면 1363년에 중수한 국보 제15호인 안동 봉정사 극락전과 나이를 다투니 현존하는 가장 오래된 건축물로 보아도 지나치지 않겠다. 이 같은 건축사적 의미나 건축물로서의 아름다움 때문에 무량수전은 국보 제18호로 지정되어 있다.

무량수전 안에 극락을 주재하는 부처인 아미타불이 모셔져 있다. 흙을 빚어 만든 소조상塑造像이며, 고려시대의 소조불塑造佛로는 가장 규모가 큰 2.78m의 소조여래좌상塑造如來坐像은 국보 제45호로 지정되어 있다.

《신증동국여지승람新增東國輿地勝覽》에 의하면 이 절 동쪽에는 선묘정善妙井이 서쪽에는 식사용정食沙龍井이 있어 가물 때 기도를 드리면 감응이 있었다고 한다.

이 우물들을 두고 박효수朴孝修(?~1337)는 "새 울고 꽃 져서 꽃다운 나이 이우는데, 나그네 길 시간은 빨리도 가네. 어느 날 마셔보리. 용정龍井의 차 맛을, 마루에 가

소조여래좌상

영주 부석사 석등과 무량수전

득한 솔과 달 인연을 함께 해보세."라는 시를 남겼다.

자연과 어우러진 부석사의 절 건물들을 바라보면 인간과 자연의 조화가 얼마나 아름다운지를 체감할 수가 있는데, 미술사학자인 최순우崔淳雨(1916~1984) 선생은 〈부석사와 무량수전〉이라는 글에서 부석사의 무량수전을 다음과 같이 예찬했다.

'무량수전 앞 안양문에 올라앉아 먼 산을 바라보면 산 뒤에 또 산, 그 뒤에 또 산마루, 눈길이 가는 데까지 그림보다 더 곱게 겹쳐진 능선들이 모두 이 무량수전을 향해 마련된 듯싶어진다. 무량수전 배흘림기둥에 기대서서 사무치는 고마움으로 이 아름다움의 뜻을 몇 번이고 자문자답했다. (중략) '무량수전은 고려 중기의 건축이지만 우리 민족이 보존해 온 목조건축 중에서는 가장 아름답고 가장 오래된 건물임에 틀림없다. 기둥 높이와 굵기, 사뿐히 고개를 든 지붕 추녀의 곡선과 그 기둥이 주는 조화, 간결하면서도 역학적이며 기능에 충실한 주심포의 아름다움, 이것은 꼭 갖출 것만을 갖춘 필요 미美이며, 문창살 하나, 문지방 하나에도 나타나 있는 비례의 상쾌함이 이를 데가 없다. 멀찍이서 바라봐도 가까이서 쓰다듬어 봐도 너그러운 자태이며 근시안적인 신경질이나 거드름이 없다.'

부석사 무량수전 위쪽에 서 있는 삼층석탑에서 바라보면 소백산

조사당과 의상 스님이 심었다는 선비화(철망 안)

으로 이어진 백두대간이 파노라마처럼 펼쳐지고 석탑을 지나 산길을 한참 오르면 조사당이 있다. 조사당은 국보 제19호로 의상 스님을 모신 곳으로 1366년 원응국사가 중창 불사할 때 다시 세운 것이다. 정면 3칸, 측면 1칸인 이 건물은 단순하여서 간결한 아름다움이 돋보인다. 조사당 앞에 의상 스님의 흔적이 남아 있는 본래 이름이 골담초骨擔草인 선비화禪扉花가 이중환李重煥(1690~1752)의 《택리지》에는 다음과 같이 실려 있다.

'절 문밖에는 생모래 덩어리가 있는데, 옛날부터 부서지지도 않고, 깎으면 다시 솟아나서 살아나는 흙덩이 같다. 신라 때의 승려 의상이 도를 통하고 장차 서역 천축국에 들어가려고 할 때 기거하던 방문 앞 처마 밑에다 지팡이를 꽂으면서 '내가 여기를 떠난 뒤에 이 지팡이에서 반드시 가지와 잎이 날 것이다. 이 나무가 말라 죽지 않으면 내가 죽지 않은 줄로 알아라.'고 하였다.

의상이 떠난 뒤에 절 중창 밖에서 곧 가지와 잎이 돌아 나왔는데 햇빛과 달빛은 받으나 비와 이슬에는 젖지 아니하고, 늘 지붕 밑에 있으면서도 지붕을 뚫지 아니하고, 겨우 한 길 남짓한 것이 천년을 하루 같이 살고 있다.

경상감사 정조鄭造(1559년~1623)가 절에 와서 이 나무를 보고 '선인이 짚던 것으로 나도 지팡이를 만들고 싶다.'하면서 톱으로 자르게 한 뒤 가지고 갔다. 그러나 나무는 곧 두 줄기가 다시 뻗어나서 전과 같이 자랐다.

부석사 전경

인조 계해년(1623)에 경상감사 정조는 역적으로 몰려 참형을 당하
였다. 나무는 지금에도 사철 푸르며, 또 잎이 피거나 떨어짐이 없으니
스님들은 비선화수飛仙花樹라 부른다. 옛날에 퇴계 선생이 이 나무를
두고 읊은 시가 있다.

옥과 같이 아름다운 이 가람의 문에 기대어 스님의 말씀을 들으니
스님의 말은 지팡이가 신령스러운 나무로 화했다 한다.
지팡이 머리에 스스로 조계수중국 광동에 있는 냇물가 있어서
하늘이 내리는 비와 이슬의 은혜를 입지 않는구나.

절 뒤편에 있는 취원루는 크고 넓으며, 아득한 것이 하늘과 땅의 한복판에 솟아난 듯하고, 기개와 정신이 남자답게 경상도를 위압할 듯하며, 벽 위에는 퇴계의 시를 새긴 현판이 있다.

그러나 이중환의 《택리지》에 나오는 취원루는 지금은 사라지고 없지만, 《순흥읍지順興邑誌》에 의하면 무량수전 서쪽에 있었다고 한다. 그 북쪽에 장향대, 동쪽에는 상승당이 있었다고 하고, 취원루에 올라서서 바라보면 남쪽으로 300리를 볼 수가 있다고 하며 안양문 앞에 법당 하나가 있었다고 한다.

또한 일주문에서 1리쯤 아래쪽으로 내려간 곳에 영지가 있어서 '절의 누각이 모두 그 연못 위에 거꾸로 비친다.'고 하였다. 물에 비친 부석사의 아름다움을 상상해보는 것만도 가슴 설레는 일이지만, 150여 년의 세월 저쪽에 있었다는 영지는 지금은 흔적조차 찾을 길이 없으니 그 또한 애석하기 그지없는 일이다.

그러나 부석사는 누가 뭐래도 우리나라에서 기이한 옛 모습을 가장 많이 간직한 절 중의 한 곳이다. 부석사 아랫마을 사과밭에 과일이 주렁주렁 열리는 가을이나 사과꽃이 피는 봄날이거나를 막론하고 그 일대가 신비로운 아름다움을 보여주는 곳인 것만은 틀림이 없다.

허무거리라고 불리는 신기新基마을, 신기 동쪽에 있는 방동마을, 갓띠북지리마을, 갓띠 남쪽에 있는 속두들, 송고마을이 부석사 부근에 있는 마을들이다.

"가 본 부석사와 못 가본 부석사가 만나 서로 자리를 바꾸는 광경이 나타난다."고 황동규黃東奎(1938~) 시인이 노래했던 것처럼 마음

속으로 그리는 부석사와 가서 눈으로 보는 부석사, 그리고 오래 머물면서 보는 부석사는 무어라 설명할 수 없는 깊이가 있는 절이다.

부석사 부근에 집 한 채 장만하고, 시간이 허락할 때마다 부석사를 오르내린다면 얼마나 가슴이 청량해질까?

 교·통·편

중앙고속도로 풍기 IC에서 나와 931번 지방도로를 타고 순흥을 지나 부석면까지 이른 뒤, 부석면 소재지에서 좌회전하여 935번 지방도를 타고 죽 올라가면 부석사 주차장에 이른다. 주차장에서 부석사까지는 500m이다.

06

경북 영양군 입암면 연당리
서석지

나라 안에 이름 높은 정자나 정원들이 많이 있지만 한 번 가서 그 아름다움을 잊지 못해 자주 가는 정자나 정원들은 그렇게 흔치 않다. 그러나 그곳에 한 번 다녀온 뒤로는 거리가 만만치 않음에도 불구하고 그 일대 답사 때에 꼭 빼놓지 않고 다녀오면서 언젠가 한 번은 살아봤으면 하는 곳이 그곳이다.

산수를 사랑했던 사람들

산이 높은 고원지대이기 때문에 '서리는 흔하고 햇빛은 귀하다'고 알려진 이곳 영양의 조선시대의 풍경이 《영양읍지英陽邑志》에는 다음과 같이 실려 있다.

"이곳이 교통이 불편하고 흉년이 잦아 풀뿌리와 나무껍질로 목숨을 이을 때가 많았으나 조선 숙종 때에 현이 부활된 후에 이웃인 안동과 예안의 유학의 영향을 받아 점차로 글을 숭상하게 되었고 주민의 성질이 소박하면서도 인정이 있다."

《택리지》를 지은 이중환李重煥(1690~1752)을 비롯한 옛사람들이 사람이 살만한 가장 중요한 조건 중에 하나로 인심을 들었다. 그런 면에서 본다면 경상북도 중에서도 가장 낙후된 지역으로 알려져 있는 영양, 봉화, 영주를 비롯한 우리나라의 시골은 지금까지는 인정이 그대로 남아 있다고 볼 수 있을 것이다.

영양 남이포

중국 북송시대를 살았던 곽희郭熙(1000?~1090)가 지은 《임천고치林泉高致》에는 다음과 같은 글이 실려 있다.

"군자君子가 산수를 사랑하는 까닭은 그 뜻이 어디에 있는가. 전원에 거처하면서 자신의 천품을 수양하는 것은 누구나 하고자 하는 바요. 천석泉石이 좋은 곳에서 노래하며 자유로이 거니는 것은 누구나 즐기고 싶은 바이다."

곽희가 말한 곳과 같은 정원이 바로 경북 영양군 입암면에 있는 서석지瑞石池인데, 서석지의 중요성이 알려진 것은 그리 오래지 않다.

1982년 2월 20일 서울에 있는 산림청 임업시험장 강당에서 〈한국

서석지

정원문화연구회〉 주최로 〈서석
지 학술연구발표회〉가 열렸다.
이 발표회에서 문화재 전문위
원인 민경현閔庚玹 씨가 서석지
라는 민가 정원庭苑이 갖는 독
특한 양식과 조경술造景術 등을
분석 평가하여 국내외에 최초
로 소개하였다.

그때부터 사람들에게 널리
알려진 영양서석지英陽瑞石池는
경상북도 영양군 입암면 연당

영양 봉감리 모전석탑

리에 있는 조선 중기의 연못과 정자이다. 조선시대 민가民家 정원庭園
의 백미로 손꼽히는 이 조원造園은 석문石門 정영방鄭榮邦(1577~1650)이
광해군 5년인 1613년에 축조하였다고 전한다.

경북 예천에서 태어난 정영방의 본관은 동래東萊, 자는 경보慶輔, 호
는 석문石門. 홍문시독弘文侍讀 정환鄭渙의 현손으로 예천군 용궁면에서
태어났으나, 뒤에 입암면 연당리로 이주하였다.

정영방은 우복愚伏 정경세鄭經世(1563~1633)가 우산愚山에서 제자들을
가르칠 때 수입하여 경학經學의 시결旨訣을 배웠다. 성리학과 시詩에 능
하였던 정영방은 1605년(선조 38)에 성균 진사가 되었으며, 정경세가
그의 학문을 아깝게 여겨 천거하였으나 벼슬길에 올랐다가 광해군
때 벼슬을 버리고 낙향했다.

서석지

군자가 숨어 살며 뜻을 세우는 곳

병자호란이 일어나 세상이 어지러워지자, 숨어 살기에 합당한 이곳 첩첩산중으로 들어왔다. 그는 산세가 아름답고 인적이 드문 이곳 연당리를 "석인군자碩人君子가 숨어 살며 뜻을 세울만한 곳"으로 보고 자리를 잡은 뒤 연못을 조성하고 서석지瑞石池라는 이름의 정자를 짓고서 자연을 벗 삼아 유유자적하였다. 이 연못은 현재 영양서석지英陽瑞石池라 하며 정자와 함께 중요민속자료 제108호로 지정되어 있다. 정영방은 영양이 폐현되었을 때 1633년에 복현을 위한 상소를 올려 영양현이 복현될 수 있는 기틀을 마련하기도 했다.

이 연못은 수려한 자양산紫陽山의 남쪽 완만한 기슭에 자리 잡고 있는데, 문을 열고 들어서면 오른쪽으로 펼쳐진 연못 너머에 방 두 칸과 마루 한 칸으로 공부하기에 좋은 운서헌雲棲軒이라 편액한 주일재主一齋가 있으며, 북서쪽으로 서석지를 마음껏 드러내 주는 경정敬亭이 있다.

서단에는 6칸 대청과 2칸 온돌이 있는 규모가 큰 정자인 경정敬亭을 세우고, 경정의 뒤편에는 수직사守直舍 두 채를 두어 연못을 중심으로 한 생활에 불편이 없도록 하였다. 북단의 서재 앞에는 못 안으로 돌출한 석단인 사우단四友壇을 축성하여 송·죽·매·국을 심었다.

연못은 동서로 길며, 가운데에 돌출한 사우단을 감싸는 U자형을 이루고 있다. 연못의 석벽은 그 구축법이 매우 가지런하고 깔끔하다. 동북 귀퉁이에는 산 쪽에서 물을 끌어들이는 도랑을 내었고, 그 대각점이 되는 서남쪽 귀퉁이에는 산 쪽에서 물이 흘러나가는 도랑을 내었다.

이 연못의 이름은 연못 안에 솟은 서석군瑞石群에서 비롯되었다. 서석군은 연못 바닥을 형성하는 크고 작은 암반들이 각양각색의 형태로 솟아 있는 것으로

서석지 연꽃

정영방의 집

그 돌 하나하나에 모두 명칭이 붙어 있다. 돌들의 이름은 그 생김새가 신선이 노니는 듯 하다는 선유석仙遊石과 통진교通眞橋·희접암戱蝶巖을 비롯 물고기 모양의 돌인 어상석魚狀石·옥성대玉成臺·조천촉調天燭·별이 떨어진 돌이라는 낙성석落星石 등 20개에 이른다.

이 돌들이 정원을 조성하기 이전부터 그 자리에 있었다고 하며, 그 돌들을 그대로 살려서 정원을 조성하였다고 한다. 이러한 명칭은 정영방鄭榮邦의 학문과 인생관은 물론 은거 생활의 이상적 경지와 자연의 오묘함과 아름다움을 찬양하고 심취하는 심성을 잘 나타내고 있는 것이라 할 수 있다.

못 가운데 있는 부용화(연화)는 여름철에 정자 위로 향기를 풍기며 꽃을 구경하기에 적합하고, 정자 앞에 서 있는 은행나무는 정원의 경관을 더욱 돋보이게 하면서 경정의 역사 현재 수령이 400살이 넘었다를 말하여 준다. 마루 위에는 정기亭記와 중수기重修記를 비롯 경정운敬亭韻 등 당시의 이름난 선비들의 시가 이 걸려 있다. 이 마을에는 정영방의 자손들이 대를 이어 살고 있다.

본래 이곳은 진보군 북면의 지역으로 연못이 있으므로 연당連塘이라 하였는데, 1914년에 영양군 입암면에 편입되었다.

연못이 있는 연당마을

연당리에 있는 헌정獻亭은 진사進士 정영방이 세웠고, 임천은 연당 북쪽에 있는 마을로 큰 샘이 있고, 논과 밭이 제법 기름지다.

서석지 건너편에 있는 연당동 석불좌상은 경상북도 유형문화재 제111호인데, 그리 크지 않은 석불좌상은 몸체와 광배 대좌를 모두 갖추고 있다. 왼손에 둥근 약함을 갖추고 있기 때문에 약사여래불로 알려져 있는 이 불상은 뒷면에 새겨져 있는 글에 의하면, 신라 진성여왕 3년인 889년에 조성되었음을 알 수 있다. 전체 높이가 2.23m인 이 불상 왼쪽 아래에는 마을 사람

서석지 옆 석불좌상

들의 풍요와 안녕을 기원하기 위해 세운 남근 입석이 세워져 있다.

국화골은 연당 북쪽에 있는 골짜기로 들국화가 많이 피어서 지은 이름이고, 사부고개라고 부르는 사부령은 연당 서쪽에 있는 고개로 옛날 한 여인이 이 고개를 넘어가 돌아오지 않는 남편을 생각하여 늘 이 고개를 바라보았다고 해서 지은 이름이다.

사부고개 옆에는 그 모양이 상여처럼 생긴 상여봉이 있고, 연당 남동쪽에 있는 마을이 선바우, 즉 입암이다.

서석지 근처에 이름난 관광지로는 남이포南怡浦를 들 수 있다. 남이포는 입암면 연당리 입암교 아래에서 신구리까지의 반변천의 천변을 말하며, 일명 남이개라고도 부른다. 이 천변은 조선 세조 때에 남

남이포

이南怡(1441~1468) 장군이 이곳에서 반란을 일으킨 아룡阿龍, 자룡子龍 형제를 토벌한 곳이라고 하여 남이포라고 부른다.

서석지 바위

"백두산이 다하도록 칼을 갈고, 두만강이 마르도록 말을 먹이리. 사나이 이십에 국토를 못 지키면 훗날 그 누가 장부丈夫라 하리."라고 시 〈북정시작北征時作〉에서 장부의 기상을 노래했던 남이 장군은 역적의 누명을 쓰고 역사 속으로 사라졌다. 하지만 남이포의 절벽과 입암이 마주 보는 사이로 맑은 강물은 흐르고 있다. 지금도 강변에는 깨끗한 조약돌과 하얀 모래가 넓게 펼쳐져 있어, 한 폭의 풍경화를 연상시킨다.

선바우마을 입구에 있는 선바우는 선방우, 딴섬바우, 입암, 석문 입암이라고 부르는데, 깎아지른 절벽 옆에 높이가 10m쯤 되는 바우가 따로 서 있고, 그 밑에 짙푸른 소가 있다. 맞은편 절벽에는 남이 장군 석상이 있어서 경치가 매우 아름다우며, 이 바위로 인하여 면의 이름이 입암立岩으로 되었다,

서석지 옆 빈집

서석지 내의 경정敬亭

　선바우 맞은편에 있는 바우를 남이 장군 석상이라고 부르는데, 20m쯤 되는 바위 벼랑 중간에 사람의 얼굴이 새겨져 있는 것을 부르는 이름이다. 남이포에서 큰 싸움이 벌어졌는데, 아룡이 별안간 몸을 날려서 공중으로 솟구쳐 치솟으므로, 남이 장군도 몸을 솟구쳐 날아가서 공중에서 한창 격전 끝에 벼락같은 소리가 나며 이룡의 사지가 공중에서 떨어지고, 남이 장군은 공중에서 칼춤을 추며 내려오다가 칼끝으로 절벽 위에 자기의 얼굴을 새겼다고 한다.

　선바우 아래에 있는 여울을 물소리가 학의 소리와 같다고 하여 황학탄黃鶴灘이라고 부르며, 선바우 동북쪽에 있는 주역마을은 조선시대에 이곳에 역마가 머물던 곳이다.

'자연을 인공적으로 재배치하여 원을 꾸미는 방식이 아니라 주어진 자연을 최대한 이용하고 인공적인 장치는 최소한으로 하여 하나의 우주를 만들어냈다'는 평가를 받고 있는 영양의 서석지 부근은 한가롭고 여유로워서 바쁘게 흘러가는 시간마저도 머물며 명상에 잠긴 듯 고즈넉하기만 하다.

　이렇게 지나간 역사가 오롯이 남아 지난 이야기를 들려주는 서석지 부근에 삶의 터를 마련하고 남이 장군의 전설이 서려 있는 입암과 영양의 이곳저곳을 소요하면서 산다면 그 또한 아름다운 일일 것이다.

 교·통·편

경북 영양군 입암면 소재지에서 31번 국도를 따라가다가 반변천을 건너 2km쯤 가면 입암에 이르고, 911번 지방도를 따라 1.5km쯤 가면 서석지에 닿는다.

07

경북 예천군 용궁면,
그 물굽이가 아름다운 회룡포

"찾아 헤매기만 할 것이 아니라 발견을 해야 할 것이며, 판단을 할 것이 아니라 보고 납득해야 할 것이며, 받아들이고 그 받아들인 것을 소화해 내야 한다. 우리 자신의 본성이 삼라만상과 유사하며, 삼라만상의 한 조각임을 깨달아야 한다. 그럴 때 우리는 자연과 진정한 관계를 맺을 수 있다."

독일의 작가인 헤르만 헤세Hermann Hesse(1877~1962)의 《유고 산문집과 비평》에 실린 글이다. 돌아다니다 보니 자연의 신비로움에 눈을 뜨게 되었고, 어느 순간에 나도 하나의 자연이라는 것을 알게 되었다. 그래서 나도 자연도 자랑스럽다고 여겨지는 곳과 헤르만 헤세의 글에 가장 합당하다고 여겨지는 곳을 행운처럼 여러 곳에서 만났다.

의성포라고 부르는 회룡포

사람이 인위적으로 만들지 않았는데도 자연 그대로의 모습이 어찌나 신비롭고 아름답던지 입이 다물어지지 않아 멍한 채 바라보는 곳, 그곳이 바로 낙동강의 큰 흐름과 내성천과 금천이 합쳐지는 곳에서 멀지 않은 곳에 있는 의성포義城浦라고도 부르는 회룡포回龍浦이다.

유유히 흘러가는 강물이 느닷없이 커브를 돌면서 거의 제자리로 돌아오는 물도리동으로 이름난 곳은 안동의 하회마을과 조선 중기의 정치가인 정여립鄭汝立(1546~1589)이 기축옥사로 인해 의문사한 전북 진안의 죽도와 무주의 앞섬일 것이다. 그러나 그보다 더한 아름다움으로 천하 비경을 자랑하는 곳이 바로 예천군 용궁면 대은리의 의성포 물도리동이다.

장안사에서 바라본 회룡포

본래 용궁군 구읍면의 지역으로 조선시대 유곡 도찰방에 딸린 대은역이 있었으므로 대은역, 또는 역촌, 역골이라 부르던 대은리에서 내성천을 건너 장안사에 이른다.

장안사는 신라가 삼국을 통일한 뒤에 국태민안을 위하여 나라의 세 곳, 즉 금강산의 장안사, 양산의 장안사, 그리고 예천에 세운 장안사 중 한 곳이라고 한다.

장안사 아랫마을

고려 때의 문인인 이규보李奎報(1168~1241)는 그가 지은 《동국이상국집東國李相國集》의 고율시古律詩에 이곳 용궁현에 와서 원님이 베푸는 잔치가 끝난 뒤에 〈십구일에 장안사에 묵으면서 짓다〉라는 시 한 편을 남겼다.

산에 이르니 진금塵襟을 씻을 수가 없구나.
하물며 고명한 중 지도림진 나라 때의 고승으로 자는 도림을 만났음에랴

긴 칼 차고 멀리 떠도니 외로운 나그네 생각이요

한 잔 술로 서로 웃으니 고인의 마음일세

맑게 갠 집 북쪽에는 시내에 구름이 흩어지고

달이 지는 성 서쪽에는 대나무에 안개가 깊구려

병으로 세월을 보내니 부질없이 잠만 즐기며

옛 동산의 소나무와 국화를 꿈속에서 찾네

　장안사의 뒷길로 300m쯤 오르면 전망대가 나타난다. 그곳에서 바라보는 의성포 물도리동은 자연이라는 것이 얼마나 경이롭고 신비로운가를 깨닫게 해준다.

　산수山水가 서로 어울리면 음양陰陽이 화합하여 생기生氣를 발하기 마련이며, 그렇기 때문에 산수가 서로 만나는 곳이 길지吉地라고 한다.

　그러나 회룡포는 회룡 남쪽에 있는 마을로서 내성천이 감돌아 섬

장안사

처럼 되어 있으므로 조선시대에는 귀양지였다. 조선 후기인 고종 때 의성 사람들이 모여 살아서 의성포라고 하였다고도 하고, 1975년 큰 홍수가 났을 때 의성에서 소금을 실은 배가 이곳까지 왔으므로 의성포라고 부르기 시작했다고도 한다.

정감록에 실린 십승지지

육지 속에 고립된 섬처럼 그렇게 떠 있는 의성포의 물도리동은《정감록》의 비결서에 십승지지十勝之地로 손꼽혔고 비록 오지이지만 땅이 기름지고 인심이 순후해서 사람이 살기 좋은 곳이라고 한다.

회룡포로 가는 길은 여러 가지다. 예천군 호명면에서 내성천변에 가로 놓인 개포면의 경진교를 지나서 내성천의 제방둑을 따라가는

회룡포는 내성천이 감돌아 섬처럼 되어 있다.

길 13㎞ 길이 그 하나이다. 경진리京津里는 안동지방 사람들이 서울로 가던 길목이라서 '서울 나드리' 또는 '경진京津'이라고 불렀던 나루터로 내성천과 한내漢川가 합류하는 지점에 있는 마을이다. 또 하나의 길이 개포면 소재지에서 신용리를 지나 경진교에서 온 길과 만나서 이르는 10㎞ 길이고, 마지막 길이 신당에서 회룡교를 지나 회룡마을에서 내성천을 건너서 가는 길이다.

회룡포를 들어갈라치면 새하얀 모래밭 위에 길게 드리운 철판다리를 만나게 되는데, 공사장 철판을 연결하여 사람들이 다니는 임시 다리이다. 그러나 발 아랫자락을 흐르는 내성천의 소리 죽인 노랫소리를 들으며 낭창낭창 휘어지는 철판을 걸어가는 느낌은 말로 표현할수가 없이 재미가 있는데, 걸어가는 것 말고도 이 마을 사람들이 이용하는 것은 바퀴가 모래밭에 빠지면서도 건널 수 있는 4륜구동 경운기이다. 경운기에 생필품과 농기구 및 비료 등을 운반한다. 그 철판을 따라 건너가면 열한 가구가 오순도순 모여 사는 의성포마을이 있다.

경진교를 지나서 오는 자동차 길은 아직도 비포장길이 대부분이어서 조금은 걱정스러운 마음을 가지고 회룡포를 찾아가지만 그렇게 우려할 정도는 아니다. 하지만 좌측으로 유장하게 흐르는 내성천의

뽕뽕다리

강물 소리도 소리지만 건너편 만화리, 마산리 일대의 병풍 같은 산들을 바라보며 가는 길과 비포장 흙길이 주는 편안함이 말 그대로 한적한 아름다움이 무엇인지를 깨닫게 해준다.

나 자신을 축복하고 나 자신을 노래하고

회룡포 주민들은 대부분 그림 같은 그 농토에서 농사를 짓고 비닐하우스에 농작물을 재배하면서 살고 있지만, 인심이 후하기로 인근에 소문이 자자하다.

"나 자신을 축복하고 나 자신을 노래하고 한가로이 노닐면서 내 영혼을 불러들인다."

태백산 자락에서 발원한 내성천

월트 휘트먼Walt Whitman(1819~1892)의 시 한 구절이 생각날 만큼 아름다운 의성포를 따라서 내려가면 만나는 나루가 삼강나루이다.

예천군 풍양면 삼강리三江里는 본래 용궁군 남산면南上面의 지역으로서 낙동강, 내성천, 금천錦川의 세 강이 마을 앞에서 몸을 섞기 때문에 삼강이라 하였다. 물맛이 좋기로 소문난 예천의 물줄기는 모두 한곳에서 만난다. 안동댐에서 흘러내린 낙동강의 큰 흐름이 태백산 자락에서 발원한 내성천과 충청북도 죽월산에서 시작하는 금천을 이곳 풍양면 삼강리에서 만나는 것이다.

예로부터 "한 배 타고 세 물을 건넌다."는 말이 있는 삼강리는 경상남도에서 낙동강을 타고 오르던 길손이 북행하는 길에 상주 쪽으로 건너던 큰 길목이었다. 또 삼강리는 낙동강 하류에서 거두어들인 온갖 공물과 화물이 배에 실려 올라와 바리짐으로 바뀌고, 다시 노새의 등이나 수레에 실려 문경새재를 넘어갔던 물길의 종착역이기도 했다. 여기에서 낙동강 줄기를 따라 더 올라가면 안동지방과 강원도 내륙으로 연결되었다.

안동댐이 건설되기 전에는 5백 미터가 넘었고, 서울로 가던 소몰이꾼들이 소를 싣고 강을 건너던 삼강나루에 나룻배가 사라진 지

내성천

예천 내성천의 뿅뿅다리

는 이미 오래고, 그 자리에 현대식 다리가 놓여졌다. 조선 후기까지만
해도 낙동강을 오르내리던 소금 실은 배들이 이곳 삼강나루에서 물
물교환을 했다고 한다.

이곳 삼강나루에 이 시대의 마지막 주막酒幕이라고 불리는 주막이
남아 있다. 바람이 거세게 불면 무너질 듯한 빈 한 채를 오래 묵은
회화나무, 홰나무가 지켜보고 있는데 바로 이 집이 이 시대의 마지막
남은 옛 주막이다. 2005년에 90세를 일기로 작고한 유옥연 할머니가
꽃다운 열여섯 나이에 재 너머 풍양면 우망리에서 이 마을로 시집을
왔다. 행복했던 시절도 잠시 청상과부가 되었고, 세 살배기 막내아들
을 등에 업고 이 주막으로 들어온 때가 서른여섯이었다.

그러나 새마을운동이 시작되면서 낙동강 아래위로 다리가 놓이자 사공이나 길손의 발길도 끊어져 버리고 근근이 흐른 세월이 60여 년, 사람들은 아흔을 앞둔 그 주모를 두고 '뱃가할매'라고 불렀었다. 그 할매 주모마저 사라진 주막문은 굳게 잠겨 있다. 다만 사람들이 술을 마셨을 것이라고 추정되는 마루에 앉으면 바람이 지나가면서 세월 속의 이야기를 들려줄 뿐이다.

시골에 있는 외딴 주막은 대부분이 서민들이 이용하는 곳으로, 길 가는 나그네는 물론이고 이 장場 저 장場 떠돌아다니는 상인들이 많이 이용하였다. 주막의 기능 중에 가장 두드러진 것은, 첫째는 손님에게 술을 파는 것이요, 둘째는 요기를 할 수 있게 밥을 제공하는 것이며, 셋째는 숙박처를 제공하는 일이다.

다음으로, 많은 사람들이 오가는 곳이어서 정보의 중심지 구실을 하였고, 문화의 수준이 다른 사람들이 함께 모이는 곳이어서 문화의

예천 삼강주막

전달처 구실을 하였으며, 피곤한 나그네에게는 휴식처가 되었고, 여가가 많은 사람들에게는 유흥을 즐기는 오락장 구실도 하였다.

이긍익李肯翊(1736~1806)의 《연려실기술燃藜室記述》에 기록되어 있는 주막에서 있었던 이야기를 한 토막 소개하면 다음과 같다.

조선 전기의 정승 맹사성孟思誠(1360~1438)이 고향 온양에서 상경하다가 용인의 주막에서 하룻밤을 지내게 되었다. 주막에 먼저 들었던 시골 양반이 허술한 맹사성을 깔보고 수작을 걸어왔다.

그는 '공'자와 '당'자를 말끝에 붙여 문답하여 막히는 쪽에서 술을 한턱내기로 하자는 것이었다. 맹사성이 먼저 "무슨 일로 서울 가는공?"하니, 그 양반이 "과거보러 가는 당."하였다. "그럼 내가 주선해줄공?"하니, "실없는 소리 말란당."하였다.

며칠 뒤 서울의 과거장에서 맹사성이 그 시골 양반을 보고 "어떤

예천 삼강주막

100

공?" 하였더니, 그는 얼굴빛이 창백해지면서 "죽어지이당."하였다. 맹사성은 그를 나무라지 않고 벼슬길을 열어주었다고 한다.

내성천이 한가로이 흘러가고 후한 인심이 지금도 살아 있는 그곳이 지금도 눈에 선한데, 얼마 전에 삼강나루에 예전 주막을 고쳐서 열었다는 소식을 〈여섯 시 내 고향〉이라는 TV 프로그램을 통하여 보았다.

삼강주막의 유옥연 주모 생전 모습

마을 아줌마 셋이서 주모 공채에 나와 노래도 부르고, 부침개도 부치고, 술도 마시는 풍경을 보았다. 삼강나루와 회룡포 부근을 소요하며 주막에 들러서 술 한잔 나눈다면 얼마나 가슴이 따뜻해질까?

교·통·편

34번 국도가 지나는 예천군 용궁면에서 924번 지방도로를 따라가면 옛시절 용궁현의 현청이 있던 향석리에 닿는다. 향석초교에서 유천면 방향으로 조금 가다가 좌회전하여 내성천을 건너면 장안사 가는 길과 회룡포로 가는 길로 나뉜다.

08

경북 상주시 외서면의 남장사 아랫마을,
가을을 빨갛게 물들이는 감마을

나라 안에 가을을 대표하는 과일이자 고향을 연상케 하는 과일로 나훈아가 부른 〈홍시〉로 알려진 감이 많이 나는 곳이 여러 곳이 있다. 전북 완주군 고산면과 동상면 주변의 감이 이름이 높고, 반시盤柹의 고장인 경북 청도군의 감과, 가로수까지 감나무를 심은 충북 영동지역의 감도 나라 안에 널리 알려져 있다. 그러나 곶감의 대명사로 알려진 경북 상주와 견줄 수는 없다.

상주 감

한때 제주의 감과 전남 고흥지방의 유자가 대학나무였다면, 지금은 상주의 감나무가 그 뒤를 잇고 있다.

한 그루에서 곶감 백 접을 생산하는 나무도 있다고 하니, 말해 무엇하랴. 상주 시내에서 충청도 보은군 쪽으로 좌회전하여 남장동에 접어들면 우측에 보이는 산이 노악산이다. 내가 처음 노악산 자락의 남장사를 찾았을 때는 안동지방과 예천지역의 예비답사를 마치고 귀로에 오르면서 찾았던 때였다. 감나무들마다 몸이 무겁도록 붉은 감을 매단 채 가을 하늘을 빛내고 있었고, 그중에 잘 익은 홍시를 두어 개 따먹고 길을 재촉했었다.

두 번째가 전남대에 재직하다가 명지대로 학교를 옮긴 이태호 선생과 함께 부석사 소수서원 답사를 마치고 보은으로 넘어가던 길에 보너스 프로그램으로 들렀던 때였을 것이다. 그때가 12월 중순이었고, 남장동 남장골의 집집마다 곶감이 주렁주렁 걸려 있었다. 경남

상주 정경계마을

감을 말리는 모습

하동의 평사리에서 보는 것과는 또 다른 형태의 벽이 없는 창고 같기도 하고 슬레이트 지붕이 얹어진 누마루 형태의 건물들에 빼곡히 들어찬 곶감들을 바라보며 상주에 들어섰음을 알 수 있었다.

세 가지 흰 것의 고장 상주

예로부터 '삼백ᄐ白' 곧 '세 가지 흰 것'의 고장으로 불려왔던 상주에 삼백은 상주에서 나는 쌀과 목화, 그리고 누에고치가 흰 것이기 때문이었다. 그러나 해방 이후부터 상주의 명물이었던 목화의 수요가 줄어들면서 그 자리를 곶감이 빼앗기 시작한 것이었다.

곶감을 바라보며 입맛을 다시는 사이 헐벗은 감나무들이 숲을 이

상주 남장마을

룬 남장리를 벗어났고 남장 저수지 둑에 접어들면서 이태호 선생이 차를 세웠었다. "전라도 지역의 돌장승과는 또 다른 돌장승을 보고 갈까요?"라는 이태호 선생의 말에 내린 우리들은 너무도 재미있게 생긴 돌장승의 모습에 입을 다물지 못했다.

통방울 같은 눈, 얼굴의 반쯤은 차지한 듯한 주먹코, 일자 입술 아래로 삐죽하게 튀어나온 송곳니와 그 아래 턱 밑으로 익살스럽게 달린 수염, 어느 한 가지도 정돈되지 않고 제멋대로 만들어진 돌장승의 모습에 모두들 즐거운 어린 날의 동심으로 돌아갔었다.

이태호 선생은 남원의 실상사 초입의 장승과 비교를 하면서 "이렇게도 못생긴 장승을 본 사람이 있습니까?" 하고 물었고, 일행들은 "아니오."라고 대답했는데, 186㎝의 키에 어울리지 않게 친근함을 느끼게 하는 이 장승은 경상북도 민속자료 제33호로 지정되어 있다.

이 돌장승의 몸체에는 '하원당장군(下元唐將軍)이라고 새겨져 있고, 그 옆에는 '임진 7월 입(壬辰七月立)'이라고 새겨져 있어서 장승을 세운 연대를 파악할 수 있다. 장승을 세운 연대가 임진왜란이 일어났던 1592년까지 올라갈 것 같지는 않고, 동학농민혁명이 일어났던 1894

상주 남장사 장승

년의 2년 전 1892년이거나 1832년쯤이 아닐까 생각된다.

이 돌장승은 대다수의 민불民佛(개인의 기복과 동리의 안녕을 비는 불상)이나 돌장승처럼 멀리서 보면 남근의 모습을 띠고 있기도 하다. 이 장승에 치성을 올리면 아들을 낳는다는 속설이 있다고 하며 원래의 위치는 남장사 일주문 근처였다고 하는데, 저수지를 만들면서 지금의 위치로 옮겼다고 한다. "못생긴 놈들은 서로 못생긴 얼굴만 보아도 즐겁다."는 말을 실감하며 차에 올랐다.

남장저수지는 겨울이라 밑바닥만 겨우 채우고 있고, 그래서 그런지 물길은 푸르딩딩하다. 소나무와 잡목이 우거진 숲길을 지나 맨 처음 만나게 되는 절 건물이 남장사南長寺의 일주문이다.

분명치 않은 기억이지만 내가 처음 왔던 그 무렵 노악산의 일주문은 그 옛날의 낡고 색이 바랜 아늑한 모습을 띠고 있었을 터인데, 그 뒤 어느 시절에 다시 지붕을 개조했는지는 몰라도 맞배지붕을 한 건물 윗부분이 새것으로 교체되어 옛 모습을 잃고 말았다.

그러나 남장사의 일주문을 자세히 살펴보면 옛사람들의 아름다움

을 보는 눈과 해학적인 품성을 살펴볼 수가 있어서 좋다. 일주문을
바치고 있는 네 기둥이 그것으로 거의 비슷하게 구부러진 네 개의 나
무를 구해다가 세운 그 모습이 바라볼수록 자연과의 조화를 생각하
며 만들어졌음을 알 수 있다.

부처님 진신사리가 발견된 남장사

　청정한 도량에 들어서기 전에 세속의 번뇌를 말끔히 씻고 일심一心
이 되어야 한다는 뜻을 지니고 있고, 일심을 상징적으로 뜻하는 일
주문을 벗어나며 숲길은 더욱 우거져 있으며, 절로 향하는 길은 겨울
이른 아침 탓인지 텅 비어 있다. 가지에 남은 몇 개의 나뭇잎이 부는

상주 남장사 극락보전

바람에 사각거리고 어디선지 울어 젖히는 새 한 마리, 길은 적막하다.

노악산 남쪽 기슭에 운치 있는 아기자기한 암벽들을 배경 삼아 울창한 숲속에 자리 잡은 신라 고찰 남장사는 식산 이만돈息山 李萬敷(1664~1732)이 지은 《남장사사적기南長寺寺蹟記)》에 의하면 신라 제42대 흥덕왕 7년(832년)에 진감국사眞鑑國師(혜소慧昭, 774~850)가 창건하였다고 전해진다.

당나라에서 돌아오던 진감국사가 노악산에 머물면서 장백사를 창건하고 무량전을 지으면서 큰 절의 면모를 갖추었다는 기록이 최치원崔致遠(857~?)이 지은 〈사산비문四山碑銘〉 중 실상사 진감국사의 비문에 실려 있다.

그 뒤 명종 16년(1186) 각원국사覺圓國師(각원화상覺圓和尙)가 지금의 터로 옮겨 짓고, 절 이름을 남장사라고 바꾸었다. 남장사는 북장사北長寺, 갑장사甲長寺, 승장사勝長寺와 함께 상주지역의 4장사四長寺 중의 하나이다.

그 뒤 1203년에 금당을 신축하였고, 1473년에 중건하였으며, 임진왜란 때 불에 탄 뒤 인조 13년 정수선사가 3창을 하였고, 여러 차례 중수를 거듭하였다. 남장사는 불교가 융성하던 고려 때까지 번성하다가 조선 초기의 숭유억불정책崇儒抑佛政策에 따라 사세가 약화되었다.

그중에서도 태종은 배불정책排佛政策을 과감하게 단행하여 궁중의 불사를 폐지하면서, 전국의 242개 사찰만 남겨둔 채 그 이외의 사찰은 폐지하였다. 동시에 그 절에 소속되었던 노비와 토지를 몰수하였

남장사는 고려 때까지 융성하다가 조선 초에 사세가 약화되었다.

고, 왕사와 국사 제도를 폐지하였으며 11종의 종단을 7종으로 축소하였다.

그 뒤 연산군은 성 안팎의 사찰 23개를 헐어버리고 승려가 되는 것을 금지하였다. 그러다가 문종 때에 이르러 문정왕후의 섭정에 힘입어 선·교 양종을 부활시켰지만, 문정왕후 이후 탄압이 계속되었다.

근근이 사세를 이어가던 남장사는 임진왜란 때 빼어난 활약상을 펼친 사명대사四溟大師(법명法名 유정惟政, 1544~1610)가 선종과 교종의 통합을 실현하기 위해 그 당시 금당이었던 보광전에서 수련하면서 선종과 교종의 통합도량으로 사람들에게 널리 알려지게 된 것이다.

1978년 7월 영산전의 후불탱화에서 주불主佛과 16나한상을 조각

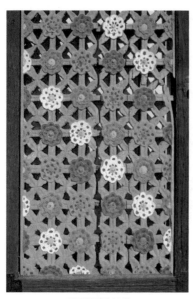
상주 남장사 문살

할 때 석가모니불의 진신사리 4과와 칠보류들을 봉안했다는 기록과 함께 사리 4과 및 칠보류가 발견되었다. 현재 남아 있는 절 건물들로는 극락보전을 비롯하여 영산전·보광전·금륜전·향로전·진영각·강당·일주문·불이문 등이 있고, 부속 암자로는 관음전과 중궁암이 있다.

1635년에 불에 탄 뒤 1856년에 중수한 극락보전은 정면 3칸과 측면 3칸으로 건칠 아미타불 좌상의 좌우에 관세음보살과 대세지보살이 협시하고 있으며, 이곳에는 1701년에 그린 감노왕 탱화를 비롯 1741년에 그린 아미타불의 후불탱화 등이 있고, 꽃 창살이 아름답다. 극락보전을 지나자 불이문이 나타난다.

"다른 절들이 일주문과 천왕문을 지나면 불이문이 나타나는데 이 절은 극락보전 위쪽에 불이문이 자리 잡고 있네요."라는 김현준 기자의 말에 고개를 끄덕였다.

사찰로 들어가는 산문 중 마지막 문으로서 해탈문解脫門이라고도 부르는 이 문의 불이不二는 분별을 떠난, 언어의 그물에 걸리지 않는 절대의 경지를 뜻한다고 한다.

《유마경維摩經》의 진수를 불이법문不二法門이라고 하는데, 그 법문

속에서 유마가 보살들에게 물었다고 한다.

"불이법문에 들어간다는 것은 무슨 뜻입니까?"

이때 여러 보살들이 자신들의 체험을 통해 얻은 견해를 이야기했고, 마지막으로 문수보살은 이렇게 말하였다.

"나는 이렇게 생각합니다. 모든 것은 말하려고 해도 말할 수가 없고, 알려고 해도 알 수 없으므로 모든 물음과 답변을 초월하는 것이 불이법문에 들어가는 것입니다."

말을 마친 문수보살이 유마에게 물었다.

"우리들은 제각각 자신의 견해를 말하였는데, 다음 차례는 유마 당신의 차례입니다. 어떠한 것을 불이법문에 들어간다고 하는 것입니까?"

그 물음에 유마는 묵묵히 말이 없었다. 이때 문수보살이 "훌륭합니다. 문자와 말까지도 있지 아니한 것이 참으로 불이법문에 들어가는 것입니다."

병란이나 가뭄에 땀을 흘리는 철조비로자나불좌상

유마가 한 번의 침묵으로 불이법문에 들어간 것을 보여준 것처럼 석가세존 역시 임종에 임하여 40여 년간 한 자字도 설하지 않았다고 하였다.

불이문을 나서자 나타나는 건물이 보광전이고, 문 앞에 서자 문득 스님의 염불 소리가 들린다. 염불 소리에 섞여 목탁 소리가 들리고 쨍그렁 쨍쨍 맑고도 맑은 풍경소리가 뒤섞여 들려온다.

문을 열고 들어선다. 스님을 한가운데 두고 한 가족인 듯싶은 여남은 명의 사람들이 합장을 한 채 49재의 기도를 올리고 있다. 아직 젊디젊은 청년의 사진틀 위에 검은 리본이 얹어져 있고, 지장보살, 지장보살, 지장보살 간절하게 부르는 그 소리가 내 가슴 속까지 젖어 들었다. 49재는 죽은 사람의 넋을 극락으로 인도하는 천도재로 사람이 죽는 날로부터 7일마다 7회에 걸쳐 49일 동안 행하는 의식이다.

불교의 내세관에서는 사람이 죽으면 다음 생을 받을 때까지의 49일 동안은 중음中陰이라고 하는데, 그 기간 동안에 다음 생의 과보를 받는다고 한다. 나는 그 애잔한 기도 소리를 따라 절을 올리고 가만히 서서 철조비로자나불鐵造毘盧舍那佛과 뒤편의 목각탱화들을 찬찬히

상주 남장사 철조비로자나불좌상과 목각탱화

들여다본다.

고려 공민왕 때 나옹화상懶翁和尙(혜근惠勤, 1320~1376)이 조성했다고 알려져 있는 보광전의 철조비로자나불좌상은 상주에 관한 기록인 《상산지商山誌》에 의하면 병란이나 심한 가뭄이 있을 때에는 천년이나 된 철불이 있어 땀을 흘린다고 전해오는 것으로 보아 이 불상의 신이神異함이 대단했음을 알 수 있다.

이 불상은 높이 1.33m로 큼직한 묵계가 있는 머리와 가늘게 만개한 눈을 바라보면 엄숙함은 느껴지지 않는다. 양쪽 어깨에 옷을 걸친 통견通絹의 모습이며, 배꼽 부근에 의대가 조각되었다. 이 철조비로자나불좌상은 보물 990호로 지정되었는데, 이 철불 뒤를 감싸고 있는 후불 목각탱화는 다른 전각에서는 볼 수 없는 금빛이다.

목각탱화에 금분을 입힌 이 탱화는 다른 절에서 흔히 볼 수 있듯이 종이나 비단에 그린 것이 아니라 나무 일곱 장을 잇대고 위쪽으로 1장을 덧붙여서 보살상들을 조각한 것이다.

중앙에 아미타불이 모셔져 있고, 관세음대세지보살觀世音大勢至菩薩坐像을 비롯한 네 보살상을 양쪽으로 새기고 그 주위는 비천과 나한, 사천왕 등 모두 24구를 조각하였다. 높이는 226cm, 폭은 236cm로 옆으로 퍼진 형식의 이 목각탱화 속에서 재미있는 것은 울상을 짓고 있는 사천왕상의 얼굴 표정일 것이다.

전체적으로 근엄함과는 달리 친근한 인상을 띤 보살들이 쓴 화관은 붉은색과 녹색을 따로 칠해서 화려함을 돋보였는데, 19세기에 조성된 것으로 여겨지고 보물 922호로 지정되어 있다. 이렇듯 불상의 뒤편에 목각탱화를 세운 곳은 우리나라에 그리 흔치 않아서 문경의 대승사, 예천의 용문사, 남원의 실상사 약수암 등이 있을 뿐이다.

보광전을 지나자 사람들의 말소리들이 위쪽에서 들려온다. 이곳 역시 사람이 사는 곳이라 사람의 말소리가 들리므로 한결 생기가 돌고 나는 아침 공양 그릇을 씻고 있는 보살님들에게 관음전의 위치를 묻고서 응향각으로 올라선다.

남장사 응향각 안에는 이 절에 주석했던 사명대사와 진감국사, 달마대사達磨大師(?~534?)를 비롯, 나옹스님과 휴정대사休靜大師(서산西山, 1520~1604)의 영정이 모셔져 있는데, 1812년에 그렸다고 전해지는 달마대사의 영정은 다른 절의 달마대사와는 사뭇 다른 모습이다.

남장사를 나와 관음전으로 향한다. 감나무들이 길섶에 늘어서 있고, 저만치 관음전이 보인다. 관음전은 절집 같은 분위기가 풍기지 않는다. 문을 들어서면 우측으로 철근 콘크리트로 지어진 현대식 건물인 요사채가 있고, 정면에 관음전이 서 있는데, 꼭 우리네 사람 사는 한옥 같다고나 할까?

1668년에 창건되었다고 전해지는 이 관음전 안에는 관세음보살상이 모셔져 있는데, 관세음보살의 뒤편에 모신 후불탱화가 목각으로 되어 있다. 이 남장사 관음전의 목각 후불탱화는 예천 용문사 목각탱화와 함께 우리나라 목각탱화 중에서도 가장 빼어난 작품 수준을 알려주는 17세기의 대표작이다.

특히 만들어진 연대가 1694년으로 분명하게 알려져 있는 귀한 작품이기 때문에 보물 923호로 지정되어 있다. 〈개금기改金記(불상급후불탱

개금기佛像及後佛幀改金記)〉에 의하면, 본래 이 관세음보살상과 후불 목
각탱화는 천주산 북장사의 상련암에 있던 것을 19세기 초에 옮겨 왔
다고 한다. 목각탱화에서 보살상들의 배치는 중앙에는 본존불과 그
좌우로 네 보살상이 배치되었고, 그 주위는 부처의 2대 제자인 아난
(阿難)과 가섭迦葉, 그리고 사천왕을 배열한 구도이다.

관음전의 후불탱화

하단의 연꽃에서 나온 연꽃 가지가 본존불과 두 보살의 대좌를
이루어 삼존좌상을 나타내었고, 이들 협시상 사이로는 구름을 표현
하여 상단 좌우에 구름을 타고 모여드는 타방불他方佛을 묘사하였
다. 본존불은 두 손을 무릎에 놓고 엄지와 중지를 맞댄 손 모양을
하고 있고 협시보살상들은 손에 연꽃 가지를 잡거나 합장한 모습
이다. 제자상들도 두 손으로 합장을 한 모습이다. 또한 사천왕상은
조선시대 불화에 나타난 사천왕의 위치와 명칭을 따르고 있다.

왼쪽에는 칼을 든 지국천왕과 비파를 연주하는 다문천왕이 오른
쪽에는 구슬과 용을 잡고 있는 증장천왕과 보탑과 창을 가지고 있
는 광목천왕이 있는데, 그들은 몸을 구부리거나 자유스러운 자세를
취함으로서 자연스러움을 느끼게 해준다.

이처럼 자연스러움과 파격적인 면을 보임으로써 관음전의 목각탱
화는 보광전의 목각탱화와는 또 다른 모습을 보여주고 있다.

한참을 들여다보고 있는데, 젊은 보살님이 옆문을 열고 들어서며

어디서 왔느냐고 물었다. 전주에서 왔다고 하며 이 절에 사람들이 많이 찾느냐고 묻자, 대학 사학과 대학생들이 가끔씩 찾아온다고 대답하였다. 노악산露嶽山으로 오르는 산길을 물은 다음 우리 일행은 본격적인 산행에 접어들었다.

지난가을 이 계곡을 수놓았던 형형색색의 나뭇잎들은 이제 떨어져 자연으로 돌아가고 다시 나무들은 새로운 나뭇잎을 싹틔우기 위한 만반의 준비를 갖추고 있다. 늙은 감나무들 또한 이 봄이 지나고 다시 올 가을에는 자연의 순리로 붉은 홍시들을 주렁주렁 매달 것이다. 이 노악산은 작은 암봉들과 숲이 수려하여 영남8경의 하나로 손꼽힌다고 알려져 있으며, 산이 매우 높아서 늘 안개가 끼어 침침하

남장사 가는 길

다고 하고, 연악淵岳 갑장산甲長山(806m), 석악石岳 천봉산天鳳山(436m)과 함께 삼악三岳의 하나로 꼽힌다고 하지만, 의외로 산을 찾는 사람들이 잘 모르는 산이다.

절 뒤쪽으로 난 산길에는 소나무들이 제법 울창하고 마른 냇가를 지나자 표지판이 눈에 띈다. 중궁암 2km 정상 3.5km 바라보면 중궁암으로 오르는 길을 따라 전신주들이 열 지어

서 있고, 멀리 정상이
보인다. 이 산 역시
만만치는 않는 것같
다. 전북의 모악산만
큼이나 될까. 그러나
급하지 않으니 천천
히 가리라. 김현준 기

남장사 승탑

자와 이 얘기 저 얘기 나누다 보니 산길은 팍팍하지 않고 어느새 중
궁암에 닿아 댓돌 위에 몸을 내려놓는다.

배낭을 열고 간식을 꺼내 놓는 사이 산 위쪽에서 스님이 내려오신
다. 나는 스님에게 물었다.

"이 산을 노음산이라고 부르는데 스님들은 어떻게 부르는지요?"

이에 스님은 "노음산이라는 이름은 처음 들어 보았습니다. 노악
산 남장사, 노악산 중궁암이라고 부르지 어디 노음산이라고 부릅니
까?"라고 말하는 게 아닌가?

그런데 왜 한글학회에서 나온 《한국지명총람》에는 노악산과 노음
산露陰山 등 두 개가 표기되어 있고, 《민족문화대백과사전》과 같은 곳
에서는 노악산으로 기록하고 이곳 상주 사람들은 노악산이라고 부
르는데, 모든 지도나 몇 권의 책들에는 어찌하여 노음산이라고 기록
되어 있는지 알다가도 모를 일이다.

그런 의문 탓에 고개를 갸웃거리고 중궁암에서 바라보는 상주는
옅은 운무에 쌓여 있고, 성냥갑처럼 쌓아 올린 아파트 숲들은 부조

화를 이루면서도 평온하기 이를 데 없다. 스님에게 다시 만나자는 인사를 나누고 '입산통제'라고 새빨갛게 쓰여진 통제선을 넘어 능선을 따라 난 산길에 접어든다.

산 저편의 능선 쪽으로 겨울나무들이 기립한 채 서 있는 것을 보며 소찬영 선생이 내게 말한다.

"등고선의 겨울나무들을 볼 때마다 여우의 등에 난 털들이 고추선 것처럼 보이고 산등성이에 피어 있는 진달래꽃을 볼 때면 어린 시절 너나 할 것 없이 번졌던 기계독機械毒 생각이 난다."고 그 말을 듣고 보니 그럴 듯싶다.

진달래꽃들 뿐인가. 이 나라의 모든 산들마다 이가 빠진 듯 보이는 곳들은 사람들의 무덤들이고, 그것들은 엄밀하게 말하면 효孝의 의미를 떠나 현대판 기계독일지도 모르는데.

능선 길을 조금 오르자 바로 눈앞 건너편에 정상이 보이고 바로 옆에 전망대 바위라고 불러도 좋을 만큼 전망이 빼어난 바위가 있다.

노음산이 아니고 노악산이다

나는 전망대 바위에서 지난밤 타 두었던 커피를 마신다. 노악산 산허리를 감도는 커피 향이여! 너무 아까워 조심조심 나누어 마시다가 아차 하는 사이에 커피포트를 엎지른다. 고수레도 안 하고 마시니 노악산 산신령이 노했는지도 모르겠다. 누가 쌓아 올린 것일까? 능선 길에는 바위를 기단 삼아 돌탑이 쌓여져 있고 천천히 오르자 정상이다.

〈상주의 영산 노악산 725m 상주시 산악회〉라고 쓰여진 표지석을 보는 사이 바람이 내 곁을 스치고 지나간다. 어느 때 누가 노악산을 노음산이라고 바꾸었는지는 알 길이 없다.

그때 다시 바람 소리가 들렸다. 속삭이듯 들리던 그 소리는 "이 산은 노음산이 아니고 노악산입니다."라고 소리치는 것 같았다.

정상에서의 조망은 그렇게 좋지 않다. 간간이 소나무와 섞여 있는 잡목들이 우거져 있는 정상을 지나 하산 길에 접어들자. 나타나는 '암벽길' 아래를 굽어보자 기암괴석에 잘생긴 분재용 소나무가 새초롬하게 서 있다. 얼마나 오랜 세월을 모진 비바람 눈보라 맞으며 서 있었으면 저렇듯 구부러질 대로 구부러졌을까? 철사다리와 밧줄에 의지하여 암벽의 군락지대를 내려서는 산길은 가파르다. 떨어져 발에 밟히는 나뭇잎들을 바라보며 나는 사도바울使徒Paul(기독교 최초로 이방인에게 복음을 전한 전도자, ?~?)의 말을 떠올린다.

"나는 매일 죽노라."

그렇다 나도 이 세상의 모든 사람들도 이 나뭇잎처럼 매일 죽고 매일 다시 태어날 것이다. 셰익스피어WilliamShakespeare(1564~1616)의 4대 비극의 하나 중 하나인 《햄릿Hamlet》에서 주인공인 햄릿의 독백처럼 "잠을 잔다. 그러면 꿈을 꾸리라." 그리고 다시 깨어나고 다시 잠이 드는 그 매일 매일의 되풀이처럼 우리들의 삶 자체가 죽고 사는 한 편의 연극 같은 것이고, 우리는 무대를 한 번 스쳐 지나가는 엑스트라가 아닐까?

서애 류성룡의 제자인 정경세 옛집

헬기장을 지나 길 없는 능선 길로 해서 도착한 북장사에는 행사 때 지었던 철근 구조물을 뜯어내는 공사가 한창이었다.

남쪽에 남장사, 북쪽에 북장사를 안고 있는 이 산을 남장사 쪽에서는 노악산 남장사라고 부르고, 북장사 쪽에서는 천주산 북장사라고 부르고 있다.

북장사는 현재 낡고 퇴락한 요사채와 새로 지은 대웅전과 명부전, 그리고 산신각만 남아 있어 바라보기가 안쓰러운 절이지만 이 절은 신라 흥덕왕 8년(833)에 진감국사가 남장사를 창건하고서 이 절을 창건하였다는 사적기를 지니고 있는 신라의 고찰이다.

《북장사사적기北長寺事蹟記》 등의 자료를 참고할 수 있는데, 신라시대에는 이 절이 있는 산의 이름을 천주산天柱山이라고 기록한 이유를 이렇게 기록하고 있다.

남쪽에는 남장사, 북쪽에는 북장사

"산 위에 수미굴이 있고, 그 가운데에 저절로 생긴 돌기둥이 있는데 아래는 좁고 위는 넓어서 마치 하늘을 괴어 받친 기둥처럼 보일 뿐만 아니라 교태스럽고 괴이한 모습으로 입을 벌리고 서 있는 모습이다.

또한 구름과 안개를 마시기도 하고 토하기도 하기 때문에 천주산이라고 이름 지었다. 그러나 오래도록 이 산의 이름을 모르고 있었는데, 옛 절터의 기왓장에서 천주산이라는 명문銘文이 출토되어 예부터 명명되었음을 알게 되었다"

창건 이후 이 절은 수미암, 상련암, 은선암 등의 부속 암자를 가진 나라에 이름난 사찰이었으나 임진왜란의 병화로 인하여 소실되어 폐허가 되었는데, 1624년(인조 2)에 이곳에 온 중국의 승려 10여 명이 중건하였으며, 그 뒤 많은 승려들이 모여 수행에 정진하였다. 1650년에 화재로 절이 전소되었고 서묵, 충문, 진일 등의 스님들이 중건하였고, 여러 번의 중수를 거쳐 오늘에 이르렀다.

북장사 극락보전은 1660년경에 지었고, 내부에는 1670년에 향나무로 조성한 아미타삼존불이 봉안되어 있다. 높이가 196cm인 아미타삼존불상과 188cm인 관음보살상, 그리고 대세지보살이 있는데, 용암사 목조아미타불좌상이나, 원각사 목조대세지보살좌상, 그리고 남장사 소조관음보살좌상과 같이 17세기에 제작된 불상들과 같은 양식에 속하는 불상들로서 17세기 후반기에 정착화 된 조선 후기의 불상 양식들을 잘 보여주고 있다.

또한 이 절에는 오랜 역사를 지닌 높이가 20자에 너비가 30자쯤 되는 괘불이 있고, 이 괘불에 전해오는 전설은 이렇다. 신라 때 한 스님이 사흘 동안 문을 걸어 잠그고 이 그림을 그렸다. 한 스님이 이상히 여겨 문틈으로 들여다보았다. 스님은 온 데 간 데 없고 푸른 빛깔의 새가 열심히 날개로 그림을 그리고 있다가 갑자기 사라져 버렸다. 하도 신기하여 문을 열고 들어가 보니 한쪽 어깨가 덜 그려져 있었다고 한다. 이 괘불은 걸고서 기우제를 지냈다고 하는데, 그때마다 영험을 나타내서 비가 내렸다고 한다.

그러나 이 괘불을 내어 걸 때마다 나라 안의 어느 절에선가 스님 한 사람이 죽는다고 전해졌기 때문에 행사를 극히 삼간다는 말이 전해오고 있다. 이와 같은 사연이 있는 절일 뿐만 아니라 먼 곳에서 바라보면 기암괴석이 하늘을 찌를 듯 솟아 있는 산세가 좋은 노악산 자락에 북쪽에 자리 잡은 북장사는 교통이 불편한 관계로 다른 절에 비해 알려져 있지 않아 찾는 이가 드물다.

그러나 그뿐만은 아닐 것이다. 남장사나 다른 절에 비해 아직도 정돈되지 않은 채 띄엄띄엄 서 있는 절 건물들도 한 연유일 것이고, 산을 찾는 등산객들 역시 편리함만 추구하는 산행 탓으로 상주에서 가까운 남장사에서 시작 다시 남장사로 하산하기 때문에 북장사를 잘 모르는 것인지도 모른다.

북장사에서 시간이 나면 꼭 들어야 할 곳이 가까이 있다. 상주시 외서면에 자리 잡은 류성룡柳成龍(1542~1607)의 수제자였던 우복愚伏 정

상주 정경세 옛집

경세鄭經世(1563~1633)의 자취가 서린 대산루인데, 그곳에서 아름다운 건물인 대산루와 정경세의 숨결을 느끼고 돌아오면 마음이 편안해질 것이다.

교·통·편

상주시에서 보은으로 가는 25번 국도를 따라 15분쯤 가면 남장동에 이르고 그곳에서 남장사는 지척이다.

09

경북 성주군 월항면 대산동의
한개마을

"대저 산수는 정신을 즐겁게 하고 감정을 화창하게 하는 것이다.
그러므로 기름진 땅과 넓은 들에 지세가 아름다운 곳을 가려 집
을 짓고 사는 것이 좋다. 그리고 십 리 밖, 혹은 반나절 되는 거리
에 경치가 아름다운 산수가 있어 매양 생각날 때마다 찾아가 시
름을 풀고 혹은 하룻밤을 묵은 다음 돌아올 수 있는 곳을 장만
해둔다면 이것은 자손 대대로 이어 나갈만한 방법이다."

이중환李重煥(1690~1752)이 지은 《택리지》 〈산수편〉에 실린 글이다.

한개마을 전경

정신을 즐겁게 하고 감정을 화창하게 하는 산수

기름진 땅이 펼쳐져 있고, 마을 앞으로 이천이라는 큰 내가 흐르는 곳, 그래서 성산 이씨 집안이 터를 잡고 대를 이어 살아온 집성촌이 경북 성주군 월항면 대산리의 한개마을이다.

한개마을 앞에 서서 보면 높이가 331.7m인 영취산이 한눈에 들어오고, 영취산의 품 안에 꼬옥 안긴 듯한 한개마을이 더없이 포근해

보인다.

한개마을 고샅길

한개마을 앞에 있
었던 한개나루는 지
금은 사라지고 없고
야트막하게 강물만
흐른다. 그러나 조선
초기까지만 해도 이
천伊川과 백천이 합
류하는 곳으로 성주
내륙과 김천과 칠곡
지방을 연결하는 경
상도 지역의 중요한
나루였다. 한개마을
앞을 흐르는 이천은

세종대왕 태실

벽진면의 고당산과 염표봉산에서 발원하여 남동쪽으로 흘러 벽진면
과 성주읍을 지나 월항면 대산리에 이른다. 이곳에서 백천을 합하는
데 백천은 성주군 초전면 백마산에서 발원하여 동쪽으로 흘러 용봉
동을 지나 월항면의 남서쪽에서 이천과 합하여 낙동강으로 흐르는
내이다.

이 마을에 성산 이씨들이 터를 잡게 된 것이 그 무렵이었다. 세종
대왕 태실이 서진산에 들어서면서 성주가 정3품관인 목사가 머무르
는 성주목이 되었고, 역驛이 들어서면서 말과 역을 관리하는 중인들

이 득실거렸다. 그 무렵 진주목사를 지내고 성주읍내에 살고 있던 이우李友가 "성주읍은 체통 있는 양반들이 살 곳이 못 된다."고 이곳 한개로 옮겨와 살게 되었다고 한다.

영취산 아래 성산 이씨가 모여 사는 전형적인 집성촌인 한개마을은 이우가 처음 자리 잡은 뒤부터 대를 이어 살아왔는데, 한개마을이 씨족 마을로 온전히 자리를 잡게 된 것은 성산 이씨 21세손인 월봉月峯 이정현李廷賢(1587~1612)에 의해서였다. 월봉은 퇴계 이황李滉(1501~1570)의 직계 제자로 당시 많은 선비들을 가르친 한강寒岡 정구鄭逑(1543~1620)의 문하에서 공부하였으며, 1612년에 문과 식년시式年試에 합격하며 장래가 촉망되었으나 스물여섯 살에 요절하고 말았다.

이정현의 외아들이 한포寒浦 이수성李壽星(1610~1672)으로 이수성에

담장에 핀 더덕꽃

게 달천, 달우, 달한, 달운 등 네 아들이 있었다. 그 아들들이 백파伯派, 중파仲派, 숙파叔派, 계파季派의 파시조가 되고, 각파의 자손들이 집성촌을 이루며 살아왔다. 조선시대에 지어진 100여 채의 전통 고가가 옛 모습 그대로 보존되어 있는데, 각 가옥들이 저마다의 영역을 지켜가며 유기적으로 연결되어 있다.

영남지방에서 손꼽히는 살만한 곳

'인걸은 지령地靈에 의해서 태어난다.'는 풍수지리설이 들어맞아서 그런지 영남지방에서 손꼽히는 가거처可居處로 꼽히는 이곳에서 조선시대에 여러 인물들이 나왔다. 영조의 아들이자 정조의 아버지인 사도세자의 호위무관을 지낸 돈재豚齋 이석문李碩文(1713~1773)이 이곳 출신이다. 그는 세손이던 정조를 업고와 사도세자의 죽음을 모면코자 했으나 오히려 곤장만 맞은 채 벼슬에서 쫓겨나 이곳에 낙향한 뒤 세자를 사모하는 마음으로 북쪽을 향해 사립문을 내고 평생토록 절의를 지킨 사람이다.

그의 후대 인물로서 조선조 말, 기로소耆老所(70세 이상 연로한 고위 문신들의 예우를 위해 설치한 관서)에 들었던 응와凝窩 이원조李原祚(1792~1872)의 고향이 이곳이고, 조선말의 유학자 한주寒洲 이진상李震相(1818~1886)도 이곳에서 태어났다. 그는 8세 때 아버지로부터 《통감절요通鑑節要》를 배웠고, 사서삼경 및 모든 학문을 배운 뒤 17세에 숙부인 이원조로부터 성리학을 배웠다.

그는 철저한 주리론자로서 주자朱子(주희朱熹, 1130~1200)와 이황李滉 (1501~1570)의 학통에 연원을 두었으면서도 주자의 학설을 초년설初年 說과 만년설晩年說로 구별하여 초년설을 부정하고 만년설만 받아들였 다. 또한 이황의 "이理와 기氣가 동시에 발한다."는 이기호발설理氣互發 說을 받아들이지 않고, '이理' 하나만이 발한다는 이발일도理發一途만 을 인정하였다.

그는 이황의 '마음은 이理와 기氣의 합체라고 말한 이황의 심합 이기설心合二氣說에 대해서도 '마음은 곧 이'라는 심즉리설心卽理說을 주장하여 학계에 큰 파문을 던졌고, 당시 도산서원의 분노를 사기 도 했다.

화서華西 이항로李恒老(1792~1868), 노사蘆沙 기정진奇正鎭(1798~1879)과 함께 근세 유학 3대가로 불리는 이진상李震相(1818~1886)의 문인들이 곽종석郭鍾錫(1846~1919), 이승희李承熙(1847~1916), 김창숙金昌淑(1879~1962) 으로 이어져 계몽운동과 민족운동을 활발하게 전개하였다.

특히 이상진의 아들인 대계大溪 이승희는 나라가 망한 뒤 소복을 입고서 얼굴을 씻지 않았고, 성묘 이외에는 문밖출입을 하지 않았다 고 한다. 이상진이 살았던 한개마을에는 경상북도 문화재로 지정된 건축물과 민속자료 등이 많이 있다.

월봉정, 첨경재, 서륜재, 일관정, 여동서당 등 다섯 동의 재실이 있 고, 이석문이 사립문을 내고 사도세자를 흠모했다는 북비고택과 월 곡댁, 고리댁 등의 조선집들이 고즈넉이 들어서 있다.

이진상이 학문을 연구한 한주寒洲종택의 사랑채에는 주리세가主理

한주종택 동쪽에 있는 한주종사에는 조운헌도재라는 현판이 보인다.

世家라는 현판이 걸려 있고, 한주종택의 동쪽에 세워진 한주정사에는 조운헌도재祖雲憲陶齋라는 현판이 걸려 있다. 이는 한주 이상진의 제자들이 변함없이 퇴계 이황의 맥을 잇고 있음을 말해주는 것이다.

대산동大山洞은 본래 성주군 유동면의 지역으로 1914년 행정구역을 개편하면서 대포동과 명산동 등의 여러 곳을 병합하면서 대포와 명산의 이름을 따서 대산동이라고 지었다.

그중 한개[大浦대포]마을은 대산동에서 가장 큰 마을인데 이 마을에 이민성李敏省의 아내 박씨의 열녀 정문旌門이 있다.

이 마을 남쪽에 있는 들은 예전에 금다리라는 다리가 있어서 금다리들이라고 부르고, 관동寬洞이라 부르는 어은골마을 앞에 있는 들은 조선시대에 사창이 있어서 사챙이들이라고 부른다.

봉우리 셋이 있는 삼봉

한개 서쪽에 있는 삼봉마을은 뒷산의 봉우리가 셋이 나란히 있어서 삼봉三峯이라 부르고, 한개 북쪽에 있는 명산鳴山마을은 영취산에서 유래된 소리개가 이곳에 앉아서 울고 갔다고 해서 울뫼라고 불렀다. 그러나 울뫼라는 이름 때문에 마을에 근심이 떠날 날이 없다는 말이 나돌자 마을 이름을 화산華山이라고 고쳤다.

명산 동북쪽에 있는 정자인 심원정心遠亭은 완당完堂 이석오李碩五가 지었다는 정자이고, 일명 영축산靈畜山이라고도 부르는 영취산靈鷲山은 월항면 대산동과 선도면 문방동 경계에 있는 산으로 높이는 325m인데, 이 산자락에 있는 감응사에 신라 애장왕哀莊王(788~809)의 아들이며, 신라 제41대 왕인 헌덕왕憲德王(809~826)에 얽힌 이야기가 서려 있다.

애장왕이 뒤늦게 왕자를 보았다. 그러나 불행스럽게도 왕자는 앞을 잘 볼 수가 없었다. 하루는 임금의 꿈에 한 승려가 나타나 '독수리를 따라 본피현, 지금의 성주에 있는 약수를 찾아 그 물로 눈을 씻게 하면 낫게 될 것이다.'고 하여 그 이

세종대왕 태실

틋날 군사에게 명하여 독수리를 따라가 약수를 길어오게 하였다. 그 약수로 눈을 씻은 왕자는 앞을 잘 보게 되었으므로 임금은 은혜를 잊지 못하여 약수가 있던 곳에 절을 짓고 감응사感應寺라는 이름을 지어 주었다. 그 뒤 산 이름은 '신령스러운 독수리산'이라는 뜻으로 영취산이라고 부르게 하였다.

한개마을에서 그리 멀지 않은 곳인 월항면 인촌리의 서진산棲鎭山에 세종대왕 왕자태실이 있다. 성주의 선주鎭山인 서진산은 월항면 인촌리와 칠곡군 약목면의 경계에 위치한 산으로 일명 선석산禪石山으로 불리고 있다. 대부분 편마암으로 이루어진 서진산의 서남쪽 기슭에 신라 때 의상대사가 창건하고 고려시대의 고승 나옹대사가 세운 선석사가 있다. 이 절은 태실이 들어선 뒤 태실을 관리하는 절이 되어 영조 임금의 어필이 하사되기도 했다고 한다.

선석사 가는 길

신라 때 의상대사가 창건한 선석산의 선석사 전경

그 앞의 태봉은 풍수지리학상 명당 터로 알려져 조선의 성군으로 추앙받는 세종대왕의 여러 왕자들의 태와 단종의 태가 모셔져 있다.

태봉은 서진산(신석산)의 한쪽 자락이 빙 돌아 감싼 양지바른 봉우리인데 그 봉우리에 세종의 큰아들인 문종을 제외한 안평, 수양, 진양, 금성, 평원, 영흥, 임영의 대군들과 화의군, 계양군, 의장군, 한남군, 밀성군 수춘군, 익현군, 영풍군, 장, 거, 당, 등의 왕자들과 문종의 아들이자 비운의 임금인 단종의 태가 모셔져 있다.

이 태봉에 처음 무덤으로 묻혔던 사람은 성산 이씨의 시조인 이장경李長庚(1259~?)이었다. 그의 장례를 치르던 날 어느 노스님이 찾아와 다음과 같이 말하는 것이었다.

"저 산의 나무를 베어내고 저곳에 묘를 쓰게, 저곳이 더 없는 길지吉地라네. 하지만 저곳에 누각樓閣을 지어서는 안 되네. 그것을 어기면

당신들의 소유가 안 될 것이네."

그 말을 들은 이장경의 후손들이 노승이 가리킨 나무들을 도끼로 베어 넘기자 큰 벌 한 마리가 노승이 사라진 쪽으로 날아갔고, 절 아래에 도착해서 보니 벌써 떠난 줄 알았던 그 노스님이 그 벌에 쏘여 죽어 있었다. 후손들은 그 노스님의 말을 절반만 따라 묘를 쓰면서 세우지 말라던 묘각을 세웠다. 그 뒤부터 그 자리가 태를 묻을 자리라는 소문이 나돌기 시작했고, 그 소문을 전해들은 왕실에서 사람을 내려 보내 그 자리를 확인했다.

이곳에 도착한 지관이 처음에 본 바로는 그다지 좋은 자리가 아니었는데, 묘각에 올라서 주위를 바라보는 사이 안개가 갇히며 봉우리가 환하게 드러났는데, 그곳이 바로 명당 중의 명당자리였다.

결국 그 자리에 왕가의 태실이 들어서게 되고, 이장경의 묘는 성주읍 대가면으로 옮겨가게 되었다. 한편 그의 묘를 쓴 뒤에 그의 아들

선석사 대웅전

다섯 형제가 다 높은 벼슬자리에 올랐으며, 묘를 옮긴 뒤로는 큰 인물이 나오지 않았다고 한다.

전국에 여러 곳에 흩어져 있는 태실 가운데 가장 많은 태가 모여 있는 태봉은 장방형으로 평평하게 다듬어진 봉우리 꼭대기에 앞줄에 11기, 뒷줄에 8기해서 모두 19기의 태비胎碑를 앞세우고 두 줄로 길게 세워져 있다.

이곳은 주변의 골짜기와 개울들이 절경을 이루는 곳이 많아 사시사철 찾는 사람들의 발길이 끊어지질 않고 있다.

한개마을과 서진산 부근에는 동방사 터 칠층석탑, 법수사 터, 금당터 돌축대, 청암사, 수도암, 가야산국립공원 등의 관광지가 있다.

나라 안의 여느 민속마을처럼 드러낼 만한 문화재로 지정된 건물들은 많지 않지만, 옛 맛이 그대로 남아 한가롭고 포근함을 주는 곳이 한개마을이다. 퇴락해서 바라보기가 조금은 안쓰럽지만 분위기가 있는 한주정사에서 지는 나뭇잎을 바라보다가 휘적휘적 고샅길을 걸어 내려오는 길에 마음에 두었던 그리운 사람을 만난다면 얼마나 좋으랴?

교·통·편

성주군 성주읍에서 대구로 이어지는 30번 지방도로를 타고 가다가 백천을 지나 한진화학에서 4번 군도를 따라 3km쯤 가면 한개마을에 이른다.

경북 안동시 낙동강 물길이 휘감아 도는
그 아름다운 그 가송리

《걷기예찬》을 지은 다비드르 브르통David Le Breton(1953~)은 "아름다움이라는 것은 민주적인 것이기 때문에 만인에게 주어진다."고 이야기한다. 하지만 진정으로 아름다움을 느끼고 사는 사람들은 의외로 적고 무엇이 아름답고 무엇이 추한 것인지도 모르고 사는 사람이 대부분인 것이 이 세상의 현실이다.

만인에게 주어지는 아름다움

나라 안에 수많은 강들이 있고, 그 강마다 다른 풍경으로 사람들의 마음들을 휘어잡는 정경들이 있다. 또 어떤 곳은 보는 장소에 따라 다른 놀라움을 선사하는 곳이 있다. 그러한 곳이 낙동강 상류에

낙동강변에 있는 안동의 단천마을

자리 잡은 안동시 도산면의 가송리이다.

　맨 처음 낙동강 천삼백 리 길을 혼자서 걸어가고 있을 때의 일이었다. 태백시 천의봉 너덜샘에서부터 시작된 도보답사가 사흘째 되는 날이었다.

　명호를 지나 낙동강 푸른 물에 그늘을 드리운 청량산 자락을 거쳐 35번 국도가 오르막길에 접어드는 지점에서 강을 따라서 걷기 위해 좌측으로 난 마을 길에 접어들었다. 나지막한 고개를 넘어서자마자, 내 눈앞에 나타난 풍경은, 그렇다, '내 숨을 한순간 멈추게 했다.'고 할까? 아니면 '감탄으로 넋을 잃었다'라고 해야 할까. 예상치 못한 궁벽진 시골의 강길을 따라가다 펼쳐진 아름다운 풍경에 저절로 발길이 멈추어지는 곳, 그 마을이 송오리이다.

안동 가송리

　가사와 송오의 이름을 따라 가송리佳松里라고 이름 지은 가사리의
쏘두들에는 월명소月明沼가 있다. 낙동강 물이 을미절벽에 부딪쳐서
깊은 소를 이루었는데, 한재가 있을 때 기우제를 지내며, 위에 학소대
가 있고 냇가에 '오

가송협

학번식지烏鶴繁殖地'의
비가 서 있다. 학소대
는 월명소 위에 있는
바위인데 높은 바위
가 중천에 솟아 있어
서 매년 3월에 오학烏
鶴이 와서 새끼를 친

뒤 9월에 돌아갔는데, 1952년 겨울에 바위가 별안간 내려앉았으므로, 그다음 해부터 오학이 벼락소로 옮겨 갔다고 한다.

쏘두들에 외따로 서 있는 산인 올미는 옛날 홍수 때 봉화에서 떠내려왔다 하는데, 수석이 매우 아름답고 쏘두들 앞에 있는 숲인 사평수詞評藪는 선조 때 사람 성재性齋 금난수琴蘭秀(1530~1604)가 장례원 사평이 되었을 때 이 땅을 사서 소나무 수백 주를 심었다고 한다.

월천月川 조목趙穆(1524~1606)이 사평송司評松이라고 이름 지었고, 현재는 앞에 월명소가 있어서 놀이터로 유명하다. 또한 이 마을에는 성성재惺惺齋라는 이름의 옛집이 있다. 선조 때 금난수가 이곳에 살면서 퇴계 이황李滉(1501~1570)에게 배웠는데, 퇴계가 그의 높은 깨달음을 칭찬하여 성성재性性齋라고 써주었다고 한다. 그 집 둘레에 총춘대, 와

안동 퇴계오솔길

고산정 일대

경대, 풍호대, 활원당, 동계석문 들이 있어 수석水石이 매우 아름답다.

한편 강 건너 가사리, 남쪽 산에 있는 부인당夫人堂이라는 신당은 400여 년 된 느티나무 한 그루와 자목이 많이 있다. 마을 사람들이 매년 정월 14일과 5월 4일에 제사를 지내는 이곳은 고려 공민왕의 딸이 안동 피란길에 이곳에서 죽어서 신이 되었다고 한다.

나는 쏘두들이나 가사리에 터를 잡고서 조선 후기의 문장가인 이용휴李用休(1708~1782)가 지은 〈구곡동거기九曲洞居記〉처럼 한 시절이라도 살고 싶었다.

나는 오래전부터 한 가지 상상을 했었다

"깊은 산중 인적 끊긴 골짜기가 아닌 도성 안에, 외지고 조용한 한 곳을 골라 몇 칸 집을 지을 것이다. 방 안에 거문고와 책 몇 권,

140

외청량사

술동이와 바둑판을 놓아두고, 석벽石壁을 담으로 삼고, 약간의 땅을 개간하여 아름다운 나무를 심은 뒤 멋진 새를 부를 것이다.

그래도 남는 땅에는 남새밭을 일궈서 채소를 심고 가꾸어 그것을 캐어서 술안주를 삼을 것이다. 또 그 앞에 콩 시렁과 포도나무 시렁을 만들어 싸늘한 바람을 쏘일 것이다.

처마 앞에는 꽃과 수석을 놓을 것이다. 꽃은 얻기 어려운 귀한 것을 구하지 않고 사시사철 피어나는 꽃과 다른 꽃들이 연이어 피어나도록 할 것이며, 수석은 가져오기 어려운 것을 찾지 않고 작지만 야위어 뼈가 드러나고 괴기한 것을 고를 것이다.

마음이 맞는 한 사람과 이웃하여서 살되 집을 짓고 집 안을 꾸미는 것이 대략 비슷해야 할 것이다. 대나무를 엮어 사립문을 만들어 그 집으로 오갈 것이다. 마루에 서서 이웃에 있는 사람을 부르면 소리가 미처 끝나기도 전에 그의 발이 벌써 토방에 올라와 있을 것이다. 아무리 심한 비바람이라도 우리를 방해하지 못할 것이다. 이렇게 한가롭고 넉넉하게 노닐면서 늙어 갈 것이다."

가을이면 휘어 늘어진 덩굴 사이로 머루 다래가 익어가는 강가를 따라 돌아가면 조선 중기의 큰 학자인 농암 이현보 선생의 유적들이 있는 올미재마을에 이른다.

"도산 하류에 있는 분강은 곧 농암聾巖 이현보李賢輔(1467~1555)가 살던 터이고, 물 남쪽은 곧 제주 우탁禹倬(1262~1342)이 살던 곳으로, 경치가 매우 그윽하고 훌륭하다."고 기록된 농암은 안동시 도산면 분천리에 있다.

넉넉하게 노닐며 늙어 갈 곳

조선 중기의 문신인 이현보는 본관은 영천으로 참찬을 지낸 흠欽의 아들이다. 1498년 식년문과에 급제한 그는 서른두 살에 벼슬길에 오라 예문관 검열, 춘추관 기사, 예문관 봉교를 거쳐 1504년에 사간원 정원이 되었다. 그러나 서연관의 비행을 논하였다가 안동에 유배되었다.

그 뒤 중종반정으로 지평에 복직되었고 밀양부사, 안동부사, 충주목사를 지냈다. 1523년에는 성주목사로 재직 시 선정을 베풀어 표

이현보의 유적 궁구당

리表裏를 하사 받았고 병조참지, 동부승지, 부제학 등을 거쳐 경상도 관찰사, 호조참판을 지냈다. 1524년 그의 나이 일흔여섯 살에 지중추부사에 제수되었으나 신병을 이유로 벼슬을 사직하고 고향에 돌아와 시를 지으며 한가롭게 보냈다. 그는 홍귀달洪貴達(1438~1504)의 문인으로 서른여섯 살 차이가 난 이황과 황준량黃俊良(1517~1563) 등이 가까이 교류한 사람이다.

이현보는 조선 중기 자연을 노래한 대표적인 문인이며, 국문학 사상 강호시조의 중요한 자리를 차지하고 있다. 그의 작품으로 한글로 14수를 지은 〈어부가漁夫歌〉와 〈농암가〉, 그리고 〈생일가生日歌〉 등이 남아 있는데, 이 노래는 그가 87세의 생일날 인근의 노인들과 벼슬아치들을 초대하여 잔치를 베푼 자리에서 지었다.

그 노래의 후렴은 '세상의 명리를 버리고 장수를 누리는 것도 임금의 은혜'라고 맺었다. 전하는 저서로 《농암문집》이 있다. 그는 1612년 향현사鄕賢祠에 제향되었다가 1700년에 예안현 안동시 도산면 운곡리의 분강서원汾江書院에 제향되었다. 그 뒤 대원군의 서원철폐 때 훼철毁撤되었다가 1967년 복원되었다.

농암은 애일당 밑에 있는 바위로서 연산군 때의 학자였던 이현보李賢輔의 이야기가 전해온다. 그가 바른말을 하다가 몰리어 죽게 되었는데, 연산군이 한 술사를 놓아주라고 한다는 낙묵落墨이 잘못하여 이현보 이름 위에 떨어진 덕분에 이현보가 살아났다. 고향에 돌아온 그는 세상일을 귀먹은 체하고 농암 위의 바위에다 애일당愛日堂을 지었다.

그는 그곳에서 94세의 아버지와 92세의 숙부, 그리고 82세의 외숙

청량산 아래길

부를 중심으로 구로회九老會를 만들어 하루하루를 즐겁게 소일하기 위해 정자를 지은 뒤, 그 당호를 애일당愛日堂이라고 지었다. 그 옆에 다시 명농당明農堂을 짓고 도연명陶淵明의 귀거래歸去來의 그림을 벽에 그리고서 스스로 즐기었다고 한다. 퇴계 이황은 그를 '농암노선聾岩老仙'이라 하였고, 조선 후기 고종高宗 때 진사 이경호李慶鎬(1882~?)가 이 바위에 '농암선생 정대동장聾岩先生亭臺洞庄'의 8자를 새겼다.

그러나 안동댐이 수몰되면서 농암 이현보의 유적은 가송리의 올미재로 옮겨졌다. 한옥생활을 체험하고자 하는 사람들이나 농암 이현보의 학문 세계를 공부하는 사람들이 찾아와 쉬어 가기도 하는 농암 유적 건너편이 지형이 장구처럼 생겼다는 장구목이다. 여울져 흐

안동 도산서원 전교당

르는 낙동강을 따라 내려가 단사마을을 거쳐 이육사李陸史(1904~1944) 시비詩碑를 보고 도산서원에 이르는 길이 청량산까지 이어진 '퇴계오솔길'이다. 퇴계 이황은 이 강 길을 따라가며 어떤 생각에 잠겼을까?

강길을 따라 내려가다 산길을 돌아가고 백운지교를 지나면 단사마을에 이른다. 논과 밭의 흙들이 유난히 붉은 모래[丹砂단사]가 많이 나 이름조차 단사라고 지은 이 마을은 예로부터 살기가 좋아 1970년대에는 100여 가구가 살았었지만, 지금은 50여 가구만 살고 있을 뿐이다. 퇴계 이황이 이 마을의 여덟 가지 볼거리 중 하나로 꼽았다는 붉은 흙들이 여기저기 널려 있고 조금 내려가자 병풍바위에 닿는다.

단사협丹砂峽이라고 부르는 병풍바위는 단사 동쪽에 있는 벼랑으로서 벼랑이 병풍처럼 둘러 있고, 낙동강이 그 밑을 활처럼 둘러 흘

청량사

러서 경치가 매우 아름다우므로, 퇴계 이황이 단사협이라 명명하였다.

남쪽에 왕모성王母城 갈선대葛仙臺, 고세대高世臺가 있는데 단사팔경丹砂八景은 '붉은 흙'과 함께 공민왕의 어머니가 피신했다는 '왕모산성', 마을 앞의 병풍바위 한쪽에 칼처럼 생긴 '칼산대', 용이 승천했다는 '용연', 병풍바위 아래 있는 너럭바위 '추레암', 과실이 많이 열린다는 '목

퇴계오솔길

실골', 개목, 그리고 낙동강의 '굵은 모래' 등이다. 이 단사팔경은 도산십경을 더해 '도산십팔경'으로도 불린다.

"만물의 생겨남은 땅속의 것[地中者]에 힘입지 않은 것이 없다. 그것은 땅속에 생기가 있기 때문이다."

청량사 유리보전

퇴계오솔길

　중국의 서진西晉 말에서 동진東晉 초의 학자이자 시인인 곽박郭璞 (276~324)이 지은《금낭경錦囊經》에 실린 글인데, 이곳에서 머물고 있으면 보이지 않는 기氣가 충만해지는 느낌을 받는다.

　그림처럼 펼쳐진 송오리에서 단천리 거쳐 도산서원으로 가는 길이 퇴계 이황이 청량산 가던 길이라서 '퇴계오솔길'로 지정되어 걷는 사람들이 많아졌다. 아름다운 옛길을 오가며 흐르는 물에 세상의 걱정과 근심을 띄워 보내며 사는 것을 누구나 꿈꾸는 삶이 아닐까?

교 · 통 · 편

안동시 도산면이나 봉화군 명호면 청량사 들어가는 길에서 35번 국도를 따라가면 낙동강과 만나는 곳이 있다. 도산면에서는 우회전하고 명호면에서는 좌회전해서 좁은 마을 길을 들어가면 만나게 되는 마을이 가송리이다.

148

경북 안동시 풍양면 병산리
병산서원의 만대루

　"풍경 체험을 나눌 수 있는 마음 맞는 사람과 함께 떠나라"라는 퇴계 이황李滉(1501~1570)의 충고를 받아들여 마음 맞는 사람과 가면 더없이 좋은 곳이 안동시 풍천면에 있는 병산서원이다. 넓은 평야로 이름이 높은 안동시 풍산읍에서 하회마을 가는 길로 가다가 보면 좌측으로 병산서원 가는 길이 보인다. 그 길에 접어들어 한참을 가다 보면 그림처럼 비포장도로가 나타나고 낙동강을 좌측에 두

병산서원 만대루에서

고 털털거리는 그 길을 따라가 보면 마치 영화의 한 장면처럼 풍경들이 나타날 것이다.

마음 맞는 사람과 살고 싶은 곳

길은 산모퉁이를 휘돌아가고 그 산 아래로 낙동강이 흐른다. 관광객의 발길이 끊이지 않는 하회마을이나 도산서원 가는 길과는 판이하게 다른 병산서원 가는 길목 어느 곳에서나 차를 세우면 문득 강물 소리가 들릴 것이고 1960년대의 풍경이 그 길 속에서 나타날 것이다.

어느 지방 어디를 가더라도 시멘트 포장은 다 되어 있는데, 병산서원으로 가는 길은 포장이 되지 않았고, 길도 비좁기 이를 데 없다. 그

하회마을

병산서원

래서 대형트럭이나 대형버스가 지날라치면 한참을 실랑이를 벌이다 빠져나간다. 이 길에 들어설 때마다 그리운 고향길에 접어든 듯한 착각에 빠진다. 특히 찔레꽃 피는 봄 오월쯤에 이 길을 지날라치면 열어 놓은 차창 너머에서 불어오는 찔레꽃 내음에 정신이 혼미해질 때도 있다.

"찔레꽃 붉게 피는 남쪽 나라 내 고향"이라는 한 대중가요의 노랫말 때문에 대다수 사람들이 붉은꽃이라고 착각하는 찔레꽃 향기가 낙동강 물을 휘감아 도는 사과 과수원길을 따라서 가다 보면 병산서원 앞에 도착한다.

도처에 서원을 건립했던 영남학파의 거봉 퇴계 이황은 "서원은 성

안동 병산서원 앞 병산 모래사장

균관이나 향교와 달리 산천 경계가 수려하고 한적한 곳에 있어 환경
의 유독에서 벗어날 수 있고, 그만큼 교육적 성과가 크다."라고 말한
바 있다. 그래서 모든 서원은 경치가 좋거나 한적한 곳에 자리 잡았
는데 병산서원만큼 그 말에 합당한 서원도 나라 안에 그리 많지 않
을 것이다.

　병산서원은 학봉鶴峯 김성일金誠一(1538~1593))과 함께 퇴계 이황의 양
대 제자 중 한 사람인 서애西厓 류성룡柳成龍(1542~1607)과 그의 아들
류전柳㙉(1531~1589)을 모신 서원으로 안동시 풍천면 병산리에 있다.

　병산서원은 낙동강의 물도리가 크게 S자를 그리며 하회 쪽으로 감
싸고 돌아가는 위치에 자리 잡고 있다. 서원의 누각인 만대루에 오
르면, 넓게 펼쳐진 누각의 기둥 사이로 조선 소나무들이 강을 따라
가지를 늘어뜨리고 흐르는 강물 건너에 우뚝 선 병산이 보인다.

　유홍준俞弘濬(1949~) 선생은 병산서원을 두고 이렇게 말한 바 있다.

　"이제 병산서원을 우리나라 내로라하는 다른 서원과 비교해보면

소수서원紹修書院과 도산서원陶山書院은 그 구조가 복잡하여 명쾌하지 못하며 회재晦齋 이언적李彦迪(1491~1553)의 안강 옥산서원은 계류에 앉은 자리는 빼어나나 서원의 터가 좁아 공간 운영에 활기가 없고, 남명南冥 조식曺植(1501~1572)의 덕천서원은 지리산 덕천강의 깊고 호쾌한 기상이 서렸지만 건물 배치 간격이 넓어 허전한 데가 있으며, 한훤당寒暄堂 김굉필金宏弼(1454~1504)의 현풍 도동서원은 공간 배치와 스케일은 탁월하나 누마루의 건축적 운용이 병산서원에 미치지 못한다는 흠이 있다. 이에 비하여 병산서원은 주변의 경관과 건물이 만대루晚對樓를 통하여 혼연히 하나가 되는 조화와 통일이 구현된 것이니, 이 모든 점을 감안하여, 병산서원이 한국 서원 건축의 최고봉이라고, 주장하는 것이다."

선조 41년(1608)에 편찬된 경상도 안동부 읍지인 《영가지永嘉誌》에 청천절벽晴川絶壁, 즉 맑은 물에 우뚝 솟은 절벽이라고 표현된 병산 아래 병산담과 마라담馬螺潭이라는 깊은 소가 있고, 강변에 희디흰 모래밭이 펼쳐져 있다.

만대루에서 한세상을 보낸다면

그 병산을 바라보며 낙동강을 사이에 두고 병산서원을 품에 안은 산이 화산花山이다. 높이가 270m인 이 산은 풍천면 하회리와 병산리에 걸쳐 있는 산으로 그 형상이 꽃봉우리처럼 고우며, 산 위에 성황당이 있어서 해마다 정월 열나흘에 동제를 지낸다.

이 산 아래 삭식골이라는 골짜기가 있으며, 병산 앞에 있는 나루터는 인금리와 남후면으로 건너가는 병산나루터가 있었다.

만대루에 올라서서 어둠 내린 낙동강을 바라보며는, "고향 그리운 사람 행여 높은 곳에 오르지 말라"고 노래했던 고려 때의 빼어난 시인 정지상鄭知常(?~1135)의 시 구절이 생각나는데, 만대루를 오르는 나무 계단 앞에 놓인 팻말이 인상적이다.

"마루를 올라갈 때는 신발을 벗고 올라가시오"라는 표지판이다. 병산서원을 오랫동안 관리하고 있는 류시석 씨의 말에 의하면 조금만 관리가 소홀하면 마루에 신발 벗고 올라가는 것은 다반사고 그냥 올라가서 음식을 먹지 않나 잠을 자지 않나 도저히 감당할 수가

병산서원

없단다. 몇 사람의 실수 아닌 잘못 때문에 수많은 사람들이 만대루의 아름다움을 느끼지 못한다는 건 얼마나 안타까운 일인가. 자연을 내 몸처럼 문화재를 내 것

안동 하회마을의 촌로

처럼 생각하고 실천할 수는 없을까?

"병산 앞이 아직까지 오염되지 않은 곳이라고 언론매체에 알려진 뒤로 사람들이 너무 많이 와 가지고 해수욕장이나 다름없었어요. 텐트를 많이 치고 자니까 쓰레기가 많이 생기고 어떻게 해야 좋을지 모르겠어요."

류시석 씨의 말을 들으며 나 역시 난감할 따름이다. 피서철만 되면 한 보따리씩 싸고 짊어지고 가서 한껏 놀고 자기들 몸만 빠져나가는 그 현상들을 어떻게 해야 할까?

서원은 본래 선현을 제사하고 지방 유생들이 모여 학문을 토론하거나 후진들을 가르치던 곳이 있으나 갈수록 향촌 사회에 큰 영향을 미치면서 사림세력의 구심점 역할을 했다. 사림들은 서원을 중심으로 그들의 결속을 다졌고, 세력을 키운 뒤 중앙 정계로 진출할 기반을 다졌던 곳이다.

경상북도 안동시 풍천면 병산리에 있는 병산서원은 1613년에 정

경세鄭經世(1563~1633) 등 지방 유림의 공의로 류성룡柳成龍의 학문과 덕 행을 추모하기 위해 존덕사尊德祠를 창건하여 위패를 모시면서 설립되 었다.

본래 이 서원의 전신은 고려말 풍산현에 있던 풍악서당豐岳書堂으로 풍산 류씨柳氏의 교육기관이었는데, 1572년(선조 5)에 류성룡이 이곳으 로 옮긴 것이다. 1629년에 류진柳袗을 추가 배향하였으며, 1863년(철종 14) '병산'이라는 사액을 받아 서원으로 승격되었다.

성현 배향과 지방교육의 일익을 담당하여 많은 학자를 배출하였 으며, 1868년(고종 5) 대원군의 서원철폐 시 훼철되지 않고 보존된 47 개 서원 중의 하나이다. 경내의 건물로는 존덕사·입교당立敎堂·신문 神門·전사청典祀廳·장판각藏板閣·동재東齋·서재西齋·만대루晩對樓·복 례문復禮門·고직사庫直舍 등이 있다.

묘우廟宇인 존덕사에는 류성룡을 주벽主壁으로 류진의 위패가 배향 되어 있다. 존덕사는 정면 3칸, 측면 2칸의 단층 맞배기와집에 처마 는 겹처마이며, 특히 기단 앞 양측에는 8각 석주 위에 반원구의 돌을 얹어 놓은 대석臺石이 있는데, 이는 자정에 제사를 지낼 때 관솔불을 켜놓는 자리라 한다.

강당인 입교당은 중앙의 마루와 양쪽 협실로 되어 있는데, 원내의 여러 행사와 유림의 회합 및 학문 강론 장소로 사용하고 있다. 입교 당은 정면 5칸, 측면 2칸의 단층 팔작기와집에 겹처마로 되어 있으 며, 가구架構는 5량樑이다.

신문은 향사 시 제관祭官의 출입문으로 사용되며, 전사청은 향사

시 제수를 장만하여 두는 곳이다. 장판각은 민도리집 계통으로 되어 있으며, 책판 및 유물을 보관하는 곳이다. 각각 정면 4칸, 측면 1칸 반의 민도리집으로 된 동재와 서재는 유생이 기거하면서 공부하는 곳으로 사용되었다.

문루門樓인 만대루는 향사나 서원의 행사 시에 고자庫子가 개좌와 파좌를 외는 곳으로 사용되며 정면 7칸, 측면 2칸의 2층 팔작기와집에 처마는 홑처마로 되어 있다. 그밖에 만대루와 복례문 사이에는 물길을 끌어 만든 천원지방天圓地方 형태의 연못이 조성되어 있다.

이 서원에서는 매년 3월 중정中丁, 두 번째 중일中日과 9월 중정에 향사를 지내고 있으며, 제품祭品은 4변四籩 4두四豆이다. 현재 사적 제260호로 지정되어 있으며, 류성룡의 문집을 비롯하여 각종 문헌 1,000여 종, 3,000여 책이 소장되어 있다.

병산서원에 모셔진 류성룡의 본관은 풍산이고, 자는 이견而見이며, 호는 서애西厓로, 관찰사를 지낸 류중영柳仲郢(1515~1573)의 둘째아들로 태어났다. 그는 김성일과 동문수학했으며, 스물한 살 때 형인 겸암謙唵 류운룡柳雲龍(1539~1601)과 함께 도산으로 퇴계 이황을 찾아가 "하늘이 내린 인재이니 반드시 큰 인물이 될 것이다."라는 예언과 함께 칭찬을 받았다.

선조는 류성룡을 일컬어 "바라보기만 하여도 저절로 경의가 생긴다."했고, 이항복李恒福(1556~1618)은 "이분은 어떤 한 가지 좋은 점만을 꼬집어 말할 수 없다."고 했으며, 오리梧里 이원익李元翼(1547~1634)은

류성룡의 옛집인 충효당

입암 류중영과 그의 맏아들 류운룡이 살던 집으로 입암고택으로도 부른다.

양진당 입구

"속이려 해도 속일 수가 없다."라고 말했다.

25세에 문과에 급제한 류성룡은 승정원·홍문관·사간원 등을 거친 뒤 예조·병조판서를 역임하고, 정여립鄭汝立(1546~1589) 모반사건 때도 자리를 굳건히 지켰을 뿐만 아니라, 동인이었음에도 불구하고 광국공신의 녹권을 받았고, 1592년에는 영의정의 자리에 올랐다. 정치가로 또는 군사 전략가로 생애의 대부분을 보낸 그의 학문은 체體와 용用을 중시한 현실적인 것이었다. 그는 임진왜란 당시 이순신 장군에게 《증손전수방략增損戰守方略》이라는 병서兵書를 주고 실전에 활용케 하기도 했다.

그는 말년인 1598년에 명나라 간신 경략經略 정응태丁應泰(?~?)가 조선이 일본과 연합하여 명나라를 공격하려 한다고 본국에 무고한 사

옥연정사

건이 일어나자, 이 사건의 진상을 변명하러 가지 않았다는 북인들의
탄핵을 받아 관직을 삭탈 당했다가 1600년에 복관되었으나, 그 뒤
에 벼슬에 나아가지 않고 은거했다. 그는 1605년 풍원부원군에 봉해
졌고, 파직된 뒤에 고향에서 저술한 임진왜란의 기록 《징비록懲毖錄》
과 《서애집西厓集》,《신종록愼終錄》 등 수많은 저술을 남겼다.

그가 병들어 누워 있다는 소식을 전해들은 선조는 궁중 의원을
보내어 치료하게 했지만 65세에 죽었다. 그런데 하회에서 세상을 떠
난 류성룡의 집안 살림이 가난해 장례를 치르지 못한다는 소식을 전
해들은 수천 명의 사람들의 그의 빈집이 있는 서울의 마르냇가로 몰
려들어 삼베와 돈을 한 푼 두 푼 모아 장례에 보탰다고 한다.

옛날에 사대부들이 걸어서 하회마을로 갔던 것처럼 낙동강을 좌
측에 두고 풀숲 우거진 산길을 천천히 걸어서 고개를 넘으면 멀리 초

가집과 기와집이 조선 후기의 풍경을 보여주는 하회마을이 나타나고 강 건너 부용대가 한눈에 들어온다. 이런 풍경 속에서 버트란트 러셀 Bertrand Arthur William Russell(1872~1970)의 《자서전》 제3권 〈후기〉에 실린 글을 되새기며 삶의 방향을 새롭게 정해도 좋으리라.

"나는 자유의 세계로 통하는 길과 그리고 행복한 인간의 삶은 그것을 실현시키기에는 너무 짧다고 생각해 왔는지도 모른다.

그러나 나는 그것이 가능하다고 생각하는 것이 잘못이라고 생각하지도 않으며, 또 그것에 접근하려는 이상을 갖고 살아가는 것이 더욱 가치 있는 일이라고 생각한다. 나는 개인적이며, 그리고 사회적인 이상을 추구해왔다.

개인적으로는 고귀한 것에 대한 관심, 아름다운 것에 대한 관심, 그리고 우아한 것에 대한 관심을 추구해왔으며, 또 보다 세속적인 시간에 지혜를 주는 영감의 시간이 허락될 수 있기를 희망해왔다

부용대

하회마을 솔밭

사회적으로는 사회가 좀 더 창조적이 되기를 꿈꾸어 왔으며, 그곳에서는 사람들이 보다 자유롭게 살아가며, 증오와 탐욕과 질투가 사멸될 것을 생각해왔다. 나는 이러한 것들을 믿고 있으며, 세계는 어떠한 공포도 나를 흔들리게 할 수 없을 것이다."

나를 내려놓고, 가까운 곳에 대한 사랑도 중요하지만, 더 먼 이웃에 대한 사랑을 실천하면서 한세상 살아간다면 그것도 더할 수 없는 기쁨이 아닐까?

교·통·편

안동시 풍산읍에서 풍산평야를 바라보며 풍천 쪽으로 이어지는 91·6번 지방도로를 타고 가다 가곡리의 삼거리에서 하회마을로 가는 길이 보인다. 하회마을로 1.3km쯤 가면 다시 병산서원 가는 길과 하회마을로 가는 길이 나뉜다. 그곳에서 병산서원까지는 4.2km이다.

12

천하의 기운을 품은 길지
경주 안강읍의 양동마을

이십여 년 동안 "이 땅에 사대부가 살만한 곳은 어디인가? 라는 의문을 안고서 이 나라 산천을 주유했던 사람이 조선 중기의 실학자인 이중환李重煥(1690~1752)이다. 그가 생애의 마지막을 강경의 팔괘정에 머물면서 지은 책이 《택리지擇里志》이다. 그가 사람이 살만한 곳이라고 꼽았던 삼남의 4대 길지는 경주 안강의 양동마을, 안동 도산의 토계 부근, 안동의 하회마을, 봉화의 닭실마을이다. 그 마을들이 대개 강변에 있는데, 그중 한 곳이 경주시 강동면의 양동마을이다.

그곳들이 대개 사람이 살기 좋은 기운이 서린 곳이라고 말하는데, 《장자莊子》〈외편 제22 지북유知北遊〉에는 그 기운에 대한 것이 다음과 같이 실려 있다.

"사람은 죽음의 동반자요, 죽음은 삶의 시작이니, 어느 것이 근본임을 누가 알랴, 삶이란 기운의 모임이다. 기운이 태어나면 태어나고, 기운이 흩어지면 죽는다. 이와 같이 사死와 생生이 같은 짝이 됨을 안다면 무엇을 근심하랴."

경주에서 포항 쪽으로 7번 국도를 따라가다 형산강을 가로지른 강동대교를 건너서 좌회전하여 들어가면 보이는 마을이 양동민속마을이다.

양동마을은 본래 경주군 강동면의 지역으로 양지쪽에 자리 잡고 있으므로 양좌동, 양좌촌, 또는 양동이라고 불렀는데, 1914년 행정구역을 개편하면서 양동良洞이라 하게 되었다.

내가 말을 놓겠네

이 마을은 경주시에서 16㎞쯤 떨어진 곳 형산강 가까운 곳에 자리 잡고 있는데 넓은 평야에 인접한 곳이다. 이 마을의 뒤쪽에 있는 문장봉 150여 m에서 흘러내린 산줄기기가 물勿자 모양을 이루었다고 하며, 경주에서 흘러드는 서남방 역수逆水는 형산강을 껴안은 지형이다.

이 역수의 형세가 이 양동마을의 끊임없는 부富의 원천이라고 이 지방 사람들은 믿고 있다. 이 마을은 오래전부터 지체 높은 양반들이 모여 살기 때문에 다른 지역 사람이 오면 '네가 말을 놓겠네.'라

양동마을

고 한다고 해서 마을 앞을 흐르는 작은 내를 '놓네'라고 부르다가
그 말이 변해서 '논내'라고 부른다. '논내' 앞에 펼쳐진 안강평야의
대부분의 땅이 양동마을을 형성하고 있는 손씨와 이씨의 땅이었으므
로 '역수逆水의 부富'는 관념이 아닌 현실이었다.

　안강평야는 안강읍의 중심을 관류하여 동으로 흐르는 토평천土坪
川이 형산강을 합류하는 지점에 형성된 평야로 안강읍의 동부와 동
북부 일대 및 강동면의 중앙과 서부 일대에 펼쳐져 있다. 수리 시설이
잘되어 있어 경상북도 내에서 손꼽히는 곡창 지대를 이루며 평야 일
대에서는 과실 재배도 많이 한다.

　이 마을 앞을 흐르는 형산강이 옛날에는 수량도 많고 바닥이 깊
어서 포항 쪽의 고깃배들이 일상적으로 들락거렸기 때문에 해산물의

양동마을은 1960년대에서부터 1970년대의 이 마을이 지니고 있던 멋을 그대로 지니고 있는 편이다.

공급이 원활하게 이루어졌다. 하지만 지금은 물의 수량이 줄어들고 바닥이 높아지면서 어선이 출입했다는 것은 전설따라 삼천리 같은 옛이야기가 되었다. 마을의 유래에 의하면 이곳 양동마을은 '대대로 외손이 잘되는 마을'이라고 하는데, 이 마을에서 태어난 사람이 우재 偶齋 손중돈孫仲暾(1463~1529)과 회재 이언적李彦迪(1491~1553)이다.

외가인 손씨 대종가에서 출생한 이언적은 별다른 스승이 없었다. 외삼촌인 손중돈이 관직 생활을 하였던 양산, 김해, 상주 등지를 따라다니면서 독학으로 학문적, 인간적인 가르침을 받았다. 그래서 월성 손씨月城孫氏들은 "우재의 학문이 회재에게 전수되었다."고 하고, 여강 이씨驪江李氏들은 "그렇지 않다."고 하는 두 집안의 상반된 주장을 펴고 있어 두 가문에 갈등의 원천이 되었다고 한다.

하지만 "나 이외는 모두가 나의 스승이다."라는 《법구경法句經》의 구절처럼 세상의 그 모든 사람, 모든 사물들 중 그 무엇 하나 스승이 아닌 것이 어디 있으랴.

마을 전체가 거대한 문화유산인 이 마을의 집집마다 골목마다 사람의 눈을 휘어잡지 않는 게 하나도 없다. 마을 가운데에 이색적으로 서 있는 교회까지도 그렇게 보이는 것은 그만큼 양동마을이 우리나라의 전통마을에서 차지하는 비중이 큰 것이리라.

안동의 하회마을이 너무 저잣거리처럼 변해버려 그 맛을 잃어버렸는데, 이곳 양동마을은 1960년대에서부터 1970년대의 이 마을이 지니고 있던 멋을 그대로 지니고 있는 편이다. 그렇기 때문에 사람들이 마음속에 담아두고서 가고 또 가는 마을이다.

마을의 진산인 설창산雪蒼山에서 흘러내리는 능선과 골짜기가 물勿자를 거꾸로 놓은 것 같은 형국을 지

양동마을

무첨당 오른쪽방 정면에 蒼山世居창산세거라는 편액이 걸려 있다.

넓는데, 네 골짜기를 따라 두동골, 물봉골, 안골, 장태골을 중심으로 마을이 형성되면서 손씨와 이씨 문중의 경쟁 관계를 살펴볼 수 있다.

영남대학교에서 발간한 《영남고문서집성嶺南古文書集成》의 기록에 실린 글을 보면 고려 말 여강 이씨 이광호李光浩가 이곳 양동에 거주하고 있었다. 그때 그의 손자사위가 된 유복하柳復河가 그의 처가를 따라 이 마을에 정착했다.

그 뒤 이시애李施愛(?~1467)의 난을 평정한 공으로 계천군鷄川君에 봉해진 월성 손씨 손소가 유복하의 외동딸에게 장가를 들어 이곳에 눌러살면서 일가를 이루었다. 여기에 이광호의 5대 종손인 이번李蕃 (1463~1500)이 손소孫昭(1433~1484)의 고명딸에게 장가를 들어 살면서 이씨와 손씨가 더불어 살게 되었다. 그때부터 지금까지 살아온 월성 손

양동마을은 오랜 세월 동안 상호 통혼을 통하여 인척 간계를 유지해왔다.

씨와 여강 이씨가 양대 문벌을 이루어 동족 집단 마을을 이루며 살아온 양동마을은 오랜 세월 동안 상호 통혼을 통하여 인척 간계를 유지해왔다.

세 사람의 현인이 태어난다는 곳

마을 중앙인 안골의 높다란 언덕에 월성 손씨의 대종가인 서백당書百堂이 자리 잡고 있다. 명나라의 공신功臣 조광趙光이 쓴 '물애서옥勿崖書屋'의 넉 자의 현판과 흥선대원군興宣大院君이 쓴 '좌해금서左海琴書'라는 현판을 비롯하여 중종 때의 유학자인 이언적이 쓰던 물건과 성리학의 책들이 보관되어 있는 서백당은 마을의 입향조인 손소가 25

세 때 지은 집으로 사랑채의 이름을 따서 서백당 또는 송첨松簷이라고 부른다.

중요민속자료 제3호로 지정되어 있는 서백당은 행랑채, 몸채 사당의 영역으로 구성되어 있다. 입향조인 손소는 이 집터를 잡을 때 비옥한 땅에서는 큰 인물이 나지 않는다면서 이 산의 중턱쯤에 자리를 잡았다고 한다. 손소는 바로 이 자리가 문장봉의 지기地氣가 내려와 뭉쳐 혈장을 이룬 곳이라고 여겼던 것이다. 사당 앞 한쪽에는 손소가 집을 지을 때 심었다는 수령 500년의 향나무는 경상북도 기념물 제8호가 있다. 이 서백당은 풍수적으로 '삼현선생지지三賢先生之地'라고 전해 오는데, 이 집에서 세 사람의 현인이 태어날 길지라는 뜻이다.

이 건물에서 손중돈이 태어났으며, 이언적 또한 이곳에서 탯줄을 끊었는데 앞으로 이곳에서 또 하나의 빼어난 인물이 더 태어날 것이

손소가 25세 때 지은 사랑채인 서백당

양동마을은 '대대로 외손이 잘되는 마을'이라고 한다.

라는 이야기이다. 그러나 이언적이 외손이었기 때문에 시집간 딸이 몸을 풀러 와도 해산만은 반드시 마을의 다른 집에서 하도록 하는 게 월성 손씨들의 전해 내려온 가법家法이라고 한다. 그 이유인즉 외손이 아닌 손씨 가문에서 인물을 배출하고자 하기 때문이다.

보물 411호로 지정되어 있는 무첨당은 여강 이씨들의 대종가이자 회재 이언적의 본가로 별당채이다. 별당은 대개 사람들의 눈에 잘 띄지 않는 곳에 짓게 마련인데, 무첨당은 살림채 입구에 있으면서, 규모가 하도 커서 별당이라기보다 큰 사랑채에 가깝다.

관가정은 연산군 때의 청백리인 손중돈이 기묘사화가 일어나자 벼슬에 뜻을 잃고 낙향하여 이곳에 은거할 때 살았던 집으로 마을 입구의 첫 번째 산등성이에 자리 잡고 있다. 사랑채 마루에서 내려다보는 경관이 마을의 살림집 가운데 가장 아름다운 건물로 알려진 관가

보물 제442호인 관가정은 살림집 가운데 가장 아름다운 건물이다.

정은 보물 제442호로 지정되어 있다.

여강 이씨 향단파의 종가인 향단은 회재 이언적이 경상감사로 재직할 당시 지은 건물이다. 그가 전임하면서 동생인 이언괄李彦适 (1494~1553)에게 물려주어 후손들이 대를 이어 살면서 여강 이씨 대종가가 된 향단은 외부에서 볼 때는 매우 과시적이고 화려하게 보이지만 내부에서 볼 때는 답답하리만큼 폐쇄적인 집이다.

이 마을에 이름난 정자들이 여러 개가 있다. 설창산 동남쪽 기슭에 있는 영귀정詠歸亭은 조선 중종 때 이언적이 시를 읊으며 노닐던 곳에 후손들이 세운 정자로 오래되어 허물어졌으므로 1925년에 다시 세운 정자이고, 양졸정養拙亭은 조선 선조 때의 선비 양졸당養拙堂 이의 징李宜澄(1568~1596)이 세운 정자가 있던 곳에 그 후손들이 다시 세우고 양졸당이라고 이름을 붙였다.

넓은 들이 열리며 맑은 물이 감돌아 흐르고

갈곡(갈구디이)에 있는 정자인 수운정水雲亭은 조선 선조 때 학자인 손엽孫曄(1544~1600)이 지었는데, 오래되어 허물어지자 그 후손들이 중건하였다. 앞에는 넓은 들이 열리고, 아래로는 맑은 냇물이 감돌아 흘러서 그 경치가 매우 아름답다.

수운정 왼쪽에 있는 설천정雪川亭은 인조 때 흥해군수 설천雪川 이의활李宜活(1573~1627)이 낙향하여 이곳에 장자를 짓고 자기의 호를 따서 설천정이라 하였는데, 오래되어 퇴락하자 후손이 다시 지었다

두동골 동쪽 산 위에 잇는 정자인 동호정東湖亭은 조선 선조 때 청백리 이의잠李宜潛(1576~1635)의 정사精舍가 있던 곳에 그 후손들이 지은 정사이고, 두곡영당은 이의잠이 하양 현감으로 재직 당시 선정을 베풀었으므로 그 공덕을 기리어 세운 영당이다.

심수정心水亭은 영귀정 동쪽에 있는 정자로 조선 명종 때의 학자인 이언괄의 정사가 있던 곳에 그 후손이 정자를 다시 세우고, 그의 문집 중의 '심중心中이라는 글자를 따서 심수정이라고 하였으며, 내곡정內谷亭은 안골에 있는 정자로 고종 때 진사를 지낸 이재교李在嶠(1822~1890)를 추모하여 그 후손이 지은 정자다.

고풍스런 멋이 잘 남아 있는 양동마을

분곡영당은 분통골에 있는 손소의 영당이다. 이조참판을 지낸 손소는 세조 13년인 1467년에 이시애의 난을 평정하는데 큰공을 세웠으므로, 계천군鷄川君으로 봉하고, 그의 초상을 충훈부에 안치시킴과 동시에 그 부본을 본가에 하사하여, 선비들이 이곳에 모셔놓고 단오날에 제사를 지냈다고 한다.

마을 각 종손, 파손들이 지은 이 정자는 여름을 나는 동안 일곱 번씩 특색 있는 놀이를 행했다고 한다. 5월 그믐에 개장되는 정자에서 보신탕 등의 여름을 잘 나기 위한 보양음식을 나누어 먹었고, 시

詩와 창唱으로 나이든 어른들을 위한 예를 갖추었다고 한다.

절후로 보면 유두, 초복, 중복, 말복, 칠석, 입추, 처서 등의 날에 놀이를 즐기면서 친족 간의 협동과 유대관계를 맺었던 정자놀이도 산업사회로 접어들면서 사라지고 말았다. 하지만 나라 안에서 가장 보존이 잘된 전통가옥이 즐비하면서도 고풍스런 멋이 가장 잘 남아 있는 마을이 양동마을이다. 이 마을에 터를 잡고 마을의 구석구석을 거닐면서 가끔씩 찾아오는 손님들을 맞이한다면 그 또한 더할 수 없는 기쁨이리라.

교·통·편

경주에서 포항 방면으로 가는 7번 국도를 타고 가다 형산강을 건너면 강동면이다. 형산강을 가로지른 제2안강대교를 건너면 바로 양동민속마을로 가는 길이 나오고 그곳에서 1.2km를 가면 양동마을이다.

13

경주시 안강읍 옥산리
계정 溪亭

1960년대나 1970년대 풍경은 아닐지라도 마을에 들어서면 아늑하고 사랑스러워 머물러 살고 싶은 생각이 드는 마을이 있다. 그런 반면 집 나간 사람들이 많은 것처럼 쓸쓸해서 빨리 돌아갔으면 싶은 마을도 있다.

운이 좋게 마치 고향집에 돌아온 듯이 가슴속에 포근하게 안기는 마을을 만나서 곳곳을 돌아다니다 보면 문득 공자의 말이 실감나게 떠오를 때가 있다.

"마을이 서로 사랑하는 것이 아름다우니, 그런 곳을 골라 살지 않는다면 이를 어찌 지혜롭다 하겠는가? 孔子曰 里仁爲美 擇不處仁, 得智"

계정의 가을

답사를 나가서 하루나 이틀씩 머물다가 돌아와서도 가슴 깊숙한 곳에 자리 잡고서 며칠씩 떠나지 않고 머무는 곳 그런 곳들이 있다. 그곳이 바로 경주시 안강읍 옥산리이다.

본래 경주군 강서면 지역으로 안강읍 옥산리와 영천시 고경면 오룡동 경계에 있는 자옥산紫玉山(567m) 밑이 되므로 옥산이라 이름 지은 이곳에 아름다운 옛 절터인 정혜사와 옥산서원이 있다.

이곳 계정마을에 조선 중종 때 성리학자인 회재晦齋 이언적李彦迪(1491~1553)이 7년 동안 은거했던 사랑채인 독락당獨樂堂이 있다. 독락당의 글씨는 조선 선조 때의 명신인 아계鵝溪 이산해李山海(1539~1609)가 썼다고 하는데, 독락당은 보물 제413호로 지정되어 있다.

이 건물은 회재가 낙향한 이듬해인 1532년에 지어진 건물로서 독락당과 계곡 사이에는 담장이 있고, 그 담장의 한 부분을 헐어내고 살창을 설치하여 독락당 대청에서 자계계곡과 흐르는 냇물을 바라

독락당 계정

볼 수 있도록 만들었다.

독락당 뒤편에 있는 약쑥 밭이라는 숲은 이언적이 평안도平安道 강계江界로 유배를 갔다가 세상을 뜨자, 그 아들이 반장返葬(객지에서 죽은 사람을 그가 살던 곳이나 그의 고향으로 옮겨서 장사를 지냄)을 하기 위해서 강계에 갔다가 약쑥을 가져와 심었다는 곳이다.

독락당 건물 내에 계정溪亭이라 이름 붙인 아름다운 정자 한 채가 있다. 원래 이곳은 회재의 아버지가 쓰던 3칸짜리 초가집이었으나 회재가 은거하면서 초가집을 기와집으로 바꾸고 옆으로 2칸을 달아내어 지금의 형태로 된 것이다.

계정이라는 현판은 조선 중기의 명필인 한호韓濩(石峯석봉, 1543~1605)의 글씨라 한다. 난간에 기대어 보면 자옥산과 자계계곡이 한데 어우러져 모두 하나가 된다. 1688년에 계정에 올랐던 우담愚潭 정시한丁時翰(1625~1707)은 이곳의 풍경을 다음과 같이 읊었다.

"정자는 솔숲 사이 너럭바위 위에 있는데, 고요하고 깨끗하며 그윽하고 빼어나 거의 티끌 세상에 있지 않은 듯하다. 정자에 올라 난간에 의지하여 계곡을 바라보니 못물은 맑고 깊으며 소나무, 대나무가 주위를 감쌌다. 관어대觀魚臺, 영귀대詠歸臺 등은 평평하고 널찍하며 반듯반듯 층을 이루어 하늘의 조화로 이루어졌건만 마치 사람의 손에서 나온 듯하다. 집과 방은 너무 크지도 너무 작지도 않아 계곡과 산에 잘 어울린다."

계정 앞에 있는 나무가 천연기념물 제115호로 지정되어 있는 주엽나무로 이언적이 중국에 갔을 때 구해 온 것이라고 한다.

계정의 한쪽 작은 방위에 걸린 '양진암'은 정혜사의 스님과 친교를 맺었던 회재가 아무 때나 스님이 스스럼없이 찾아와 머물게 하려는 이언적의 배려에 의해서 만든 방으로, 회재가 그 당시 미천한 계급에 속하던 스님과도 허물없이 학문적 공감대를 형성했음을 보여주는 공간이다.

계정 북쪽에 있는 너럭바위를 관어대觀魚臺라고 부르는데, 바위 위가 평평하여 3~40명이 앉을 수가 있으며, 이언적이 그 바위에다 관어대라는 글씨를 새겼다고 하며 계정 북쪽에 있는 사재방우(사자암)는 호랑이가 자주 나타나서 그 이름을 사자암이라고 지었다고 한다.

계정마을에는 계정 어서각御書閣이 있는데, 이곳에는 조선 12대 임금인 인종이 회재 이언적에게 내린 어필 1폭이 보관되어 있다.

동백꽃이 차가운 얼음 속에 피어나는 곳

독락당을 지나 조금 골짜기를 따라가면 산기슭에 서 있는 아름다운 탑 하나를 만나게 되는데, 그곳이 바로 정혜사지淨惠寺址이고, 고즈넉하게 서 있는 탑이 정혜사지십삼층석탑이다. 도덕산 자락에 자리 잡은 정혜사지에는 통일신라시대에 불국사 다보탑과 화엄사사사자석탑과 함께 대표적인 이형 석탑으로 국보 제40호로 지정되어 있는 정혜사지십삼층석탑만이 남아 있다.

기단은 단층으로 막돌로 쌓았고, 그 위에 탑 몸을 세웠는데, 상륜부는 없어지고 없으며 탑의 높이는 6.4m이다.

이 절은 회재와 아주 인연이 깊은 절로 회재가 이 절의 스님과 친

경주 안강 정혜사지십삼층석탑

교가 깊어서 서로 정혜사와 독락당을 자주 찾았다고 하며, 그가 죽은 뒤에는 그의 글씨와 서책들이 이 절에 가득 찼었다고 전한다. 하서河西 김인후金麟厚(1510~1560)가 그의 시詩 속에서 "해당화가 아름다움을 한껏 뽐내고 동백꽃이 차가운 얼음 속에 오연하다."라고 노래했던 그 시절은 과연 어느 세월이었던가?

이 절 정혜사는 경주의 역사와 지리지를 정리한《동경잡기東京雜記》에 의하면 신라시대의 절이라고 기록되어 있으며, 선덕여왕 1년에 당나라의 참의사인 백우경白宇經이 이곳에 와 만세암萬歲庵이라는 암자를 짓고 살던 중 선덕여왕이 이 절에 와서 행차한 뒤 정혜사로 이름지었다고 한다.

벼슬길에서 물러난 회재는 이 절에서 실의의 시절을 보내던 중 스님들과 사귀었고, 그가 죽은 뒤 옥산서원이 세워진 뒤에는 정혜사가 편입되었다. 그러나 1834년에 일어난 화재로 인해 이 절은 사라지고

옥산서원 역락문赤樂門

옥산서원의 계곡

탑만 남아 있게 되었다. 하지만 이 탑 또한 1911년 도굴로 인해 내려졌던 탑재들을 잃어버린 채 10층탑으로 서 있을 뿐이다.

그 물길을 따라 조금 내려가면 선마라고 부르는 서원마을이 있고, 외나무다리로 이어진 자계천을 건너면 옥산서원玉山書院에 이른다. 옥산서원 앞을 흐르는 자계천의 물소리는 맑고 청아하다. 층층을 이룬 너럭바위가 세심대洗心臺이다.

이황李滉(1501~1570)의 글씨로 세심대라고 새겨진 그 아래에 있는 소가 용추龍湫 또는 쌍용추라는 불리는 소이다. 위와 아래에 쌍으로 되었으며, 양쪽 옆으로는 석벽이 깎아지른 듯이 솟아 있는데, 퇴계 이황이 썼다는 용추가 지금도 크게 새겨져 있다.

영귀대, 탁영대, 관어대, 징심대 등의 기암괴석과 함께 수목이 울창한 계곡 가운데로 외나무다리를 건너면 느티나무, 회나무, 참나무, 벗나무들에 휩싸인 옥산서원의 정문인 역락문亦樂門이 나타난다. 《논어》의 첫머리에 "배워 때때로 익히면 즐겁지 아니한가, 벗이 있어 멀리로부터 찾아오면 또한 기쁘지 아니한가. 남들이 나의 학문을 알아주지 않아도 원망치 않는다면 또한 군자가 아니겠는가."에서 따온 것으로 조선 선조 때 학자였던 노수신盧守愼(1515~1590)이 지은 것이다.

옥산서원의 계곡

24세에 문과에 급제한 회재는 벼슬길에 올라 요직을 두루 거치며 조선 성리학의 큰 틀을 세웠다. 화담花潭 서경덕徐敬德(1489~1546)과 쌍벽을 이룬 이언적의 학문은 주희朱熹(1130~1200)의 주리론적 입장을 확립하였으며 퇴계의 성리학 연구에 깊은 영향을 끼쳤다.

그러나 을사사화乙巳士禍(1545) 이후 김안로金安老(1481~1537)의 등용을 반대하다 좌천되어 이곳 자옥산 기슭에 은둔하여 성리학 연구에만 몰두하다가 명종 2년 양재역벽서사건良才驛壁書事件(1547, 명종 2)에 연루되어 강계로 유배되었다가 그곳에서 죽었다. 그의 죽음을 애도하던 영남지방의 사림士林들이 그가 은둔하였던 이곳에 서원을 짓고, 1574년에 경상도 관찰사인 김계휘金繼輝(1526~1582)의 제청에 의하여 옥산서원이라고 사액을 받았다.

구인당 정면에 걸려 있는 옥산서원 편액은 추사秋史 김정희金正喜(1786~1856)가 제주도로 유배되기 직전에 쓴 글씨이다. "만력萬曆 갑술

옥산서원 무변루無邊樓로 한석봉의 글씨라고 한다.

년(1574) 사액 후 226년이 되는 을해년에 화재로 불에 타서 다시 하사한다."는 내용이 편액에 부기附記되어 있어 추사가 다시 이 글씨를 쓰게 된 연유를 알 수 있다.

이 글씨는 김정희가 제주도로 유배를 가기 전인 54세에 쓴 것으로 추사의 완숙미를 볼 수가 없고, 오로지 굳세고 강한 힘만을 느낄 수 있으므로 '철판이라도 뚫을 것 같다'는 평을 받는 글씨이다.

서원을 유지시키는 가장 중요한 경제적 기반은 토지와 노비를 드

옥산서원

는데, 이 서원에 딸린 전답이 한때는 600두락이 넘었다는 기록이 남아 있으며, 지금도 대지 3,500여 평을 비롯하여 전답이 2만 600평, 임야 35정보가 이 옥산서원의 소유이다. 창건 당시

하사받은 노비가 17명이었으며, 영일과 장기현에 옥산서원에 딸린 배가 세척이 있어 해산물과 소금을 비롯한 생필품을 운송했다고 한다.

옥산서원은 대원군이 서원을 철폐하던 시기에도 그대로 남겨두었으나 구한말에 불에 타서 다시 지었다. 그때도 서고書庫는 온전하여 중종 8년에 실시한 사마시司馬試의 합격자 명단인《정덕계유사마방목正德癸酉司馬榜目》이 보물 제524호로 지정되어 있으며, 보물 제525로 지정되어 있는《삼국사기三國史記》전50권을 비롯하여《고려사高麗史》,《동국지리지東國地理志》등을 비롯한 귀중한 유물들이 보관되어 있다.

정문을 들어서서 만나는 누각 건물인 무변루無邊樓는 명필 한석봉韓石峯이 썼다. "모자람도 남음도 없고 끝도 시작도 없도다. 빛이여! 밝음이여! 태허에 노닐도다."라는 뜻이 서린 무변루를 비롯 수많은 문화 유산들이 숨어 있는 옥산서원과 정혜사지 근처에 터를 잡고 산다면 문득 미술사학자 최순우崔淳雨(1916~1984) 선생이 그의 집에 써 붙여 놓았다는 '두문즉시심산杜門卽是深山' 즉 "문만 걸어 닫으면 바로 이곳이 오지 같은 산중"이다. 라는 글이 떠오르면서 마음이 한없이 느긋해지며 일변 쓸쓸해질지도 모르겠다.

 교·통·편

영천시에서 28번 국도를 타고 가다 보면 영천과 경주의 경계 부근에 안강휴계소가 있다. 그곳에서 6·7km를 가면 주유소가 나오고, 그곳에서 조금 가다 좌회전하여 2km를 가면 옥산서원에 이르고 동락당과 정혜사지는 바로 근처에 있다.

14

경남 거창군 위천면 강천리蘆川里
수승대와 동계 정온

경상도 어느 지역의 마을을 가든 충청도나 전라도와 달리 고색창
연한 조선집 몇 채를 만날 수 있어 마음이 한결 편안해진다. 경남의
내륙 산촌인 거창 지방도 예외는 아니다. 거창군 위천면 강천리 강동
마을에 동계桐溪 정온鄭
蘊(1569~1641) 선생의 아
름다운 옛 집이 있다.

본래 안의군 고현
면의 지역으로 새앙골,
또는 강동 강천이라고
부르다가 1914년 행정
구역 개편에 따라 마

위천

동계 정온 선생 고택

항동을 병합하여 강천리라는 이름으로 위천면에 편입된 강동마을에
조선 중기의 학자인 동계 정온의 옛집이 있다.

세월이 흘러도 푸른 산이 높고 높아

정온은 벼슬이 이조참판에까지 이르렀으며, 광해군 때 영창대군의
처형을 반대하다가 10여 년간 귀양살이를 하였다. 병자호란 때에는
청나라 군사가 남한산성을 포위하자 명나라를 배반하고 청나라에
항복하는 것은 옳지 못하다 하였다.

인조가 청 태종에게 항복하기 위해 남한산성에서 내려가자 스스
로 칼로 배를 찔러 죽으려 했다. 정온의 아들이 창자를 배에 넣고 꿰
매었고, 그는 오랜 시간 뒤에 깨어났다고 한다. 정온은 전쟁이 끝나

고 청나라 군사가 돌아가자 고향으로 돌아가 다시는 조정에 나가지 않았다.

　그 지조를 높이 산 정조 임금은 제문祭文과 함께 한 편의 시를 지어 보냈다고 한다.

　세월이 흘러도 푸른 산이 높고 높듯
　천하에 떨친 정기 여전히 드높아라.
　북으로 떠날 사람 남으로 내려간 이, 그 의로움 매한가지,
　금석같이 굳은 절개 가실 줄이 있으랴.

　그러나 흐르는 세월은 지조 높았던 충신의 후손이 왕조를 뒤엎기 위해 선조와 다른 길을 걷게 되었는데, 그가 바로 정온의 후손으로 안음에 거주하다 순흥으로 이사했던 정희량鄭希亮(본명은 준유遵儒,

동계 정온 선생 고택

동계 정온 선생 고택

?~1728)이다. 그는 1728년 이인좌李麟佐(본명은 현좌玄佐, ?~1728)·박필현朴
弼顯(1680~1728) 등과 함께 공모하여 역모를 꾀하였다.

영조가 임금에 오른 뒤 벼슬에서 물러난 소론일파의 호응을 받아
이인좌를 원수로 하여 군사를 일으킨 뒤 청주를 습격하였다. 한때 정
희량은 안음·거창·합천·삼가 등의 고을을 제압하였으나 오명항吳
命恒(1673~1728)이 이끄는 관군에 패배하였고, 그 뒤 정희량은 거창에서
체포되어 참수당했다.

《신증동국여지승람新增東國輿地勝覽》의 〈연혁편沿革編〉에는 "역적 정
희량이 역모하여 혁폐하고, 현의 땅을 함양과 거창에 분속시켰다."라
고 기록되어 있는데, 그 뒤 안의 사람들 뿐만이 아니라 경상도 사람
들은 벼슬길에 오르지 못하다가 100여 년의 세월이 흐른 1815년에야

다시 복권이 되었다.

하지만 일제에 의한 행정구역 개편 때 안의군은 면으로 바뀌어 오늘에 이르렀다. 《동국여지승람東國輿地勝覽》〈안음현조安陰縣條〉에 실려 있는 "억세고 사나우며 다투고 싸움하기를 좋아한다."는 말 탓인지 함양군 사람들은 흔히 "안의 송장 하나가 함양 산 사람 열을 당한다."라고 말한다. 이 말은 그만큼 안의 사람들이 기질이 세다는 말이다. 정희량의 난과 관련된 지명이 위천면 대정리에 있는 보름고개이다. 동촌 동쪽에 있는 이 고개에서 이인좌와 정희량 두 사람이 서울에 있는 보름고개에서 만나자고 한 것을 잘못 듣고서 이곳에서 보름을 기다리다가 관군에게 패배한 통한의 장소라는 것이다.

당시는 안의현이었다가 현재는 거창군 위천면 강천리로 행정구역이 바뀐 강동마을의 뒤에는 납재산(640m)이 있다.

동계 정온 선생 고택

마을의 중심에 정온의 고택이 있고, 팔십이 넘은 종부宗婦가 그 집을 지키고 있다. 동계고택은 남방적 요소가 강하면서도 뚜렷한 북방적 요소가 우리나라 건축문화의 이중성을 보여준다는 평가를 받고 있다. 이 집의 솟을대문에는 선홍색 바탕에 하얀 글씨로 '문간공동계정온지문文簡公棟溪鄭蘊之文'라는 글이 씌어져 있다. 그 글은 정려旌閭라고 부르는 정문旌

門인데, 조선시대에 좋은 풍속을 북돋우기 위해서 충신, 효자, 열녀에게 나라에서 내리던 표창의 하나로 인조 임금이 내린 것이라고 한다. 이 집은 문간채, 사랑채, 중문채, 안채, 곳간채, 뜰아래채, 사당과 집을 둘러싼 담장으로 이루어져 있다.

아름다운 조선집이 있는 마을

이 고택의 사랑채 상량대에 적힌 묵서명墨書銘에 의하면 조선 순조 20년인 1820년에 세운 것으로 밝혀진 이 고택은 조선 후기 사대부 주택 연구에 귀중한 자료가 된다고 평가되어 중요민속자료 제205호로 지정되어 있다.

미닫이문이 아름다운 동계 정온의 안채 마루에서 이 집의 종부에게서 다음과 같은 이야기를 들었다.

"내가 경주의 13대 만석꾼으로 이름난 최부자집 큰딸이고, 하회마을 류씨 류성룡의 종부는 바로 아래 동생이여, 우리 시고모가 해남 윤씨 윤선도 집으로 시집을 갔어."

정희량의 난 이후 주모자들은 쑥대밭이 되고, 그나마 남은 남인들은 정국에서 소외받을 수밖에 없었다. 그 남인들은 자구책으로 같은 파벌끼리 혼사를 맺어 그 맥을 이어 갈 수밖에 없었다. 그 말을 들으니 요즘 재벌이나 정관계의 고위 인사들

동계 정온 선생 종부

거창 사람들이 소풍이나 나들이 장소로 애용되는 수승대

의 서로 얽히고 얽힌 혼맥을 보는 듯했지만 혼맥을 통해서 파벌의 끈을 그렇게 이어갔다는 사실이 가슴을 먹먹하게 하였다.

그 말을 들은 내가 종부님께 물었다.

"경주에서 이곳까지 시집올 때 그 먼 길을 어떻게 오셨어요? 말 타고 오셨어요? 아니면 차 타고 오셨어요?"

대답은 이러했다.

"그때도 부자라 차 타고 시집왔지."

강동마을 앞에 있는 논은 강동집 앞 논이고, 다람바위는 강동마을 앞에 있는 바위이고, 사구배미는 강동마을 앞에 있는 논이다.

이중환李重煥(1690~1752)이 "안음 동쪽은 거창이고, 남쪽은 함양이며, 안음은 지리산 북쪽에 있는데, 네 고을은 모두 땅이 기름지다. 함양은 더구나 산수굴山水窟이라 부르며, 거창·안음과 함께 이름난 고을이라 일컫는다."고 말한 이유도 거기에 있다.

192

퇴계 이황이 수송대에서 수승대로 이름을 고쳤다.

옛 시절 안음현이었던 거창군 위천면 강천리와 황산리 사이에 수승대搜勝臺가 있다. 밑으로는 맑은 물이 흐르고 조촐한 정자와 누대가 있으며, 듬직한 바위들이 들어서 있는 수승대는 거창 사람들의 소풍이나 나들이 장소로 애용되는 곳으로, 이곳에 서린 이야기들이 많다.

거창군은 예로부터 지리적으로 백제와 맞붙은 신라의 변방이었기 때문에 항상 영토 다툼의 전초기지였다. 그래서 백제가 세력을 확장했을 때는 백제의 영토가 되기도 하였는데, 거창이 백제의 땅이었을 무렵, 나라가 자꾸 기울던 백제와는 달리 반대로 날로 세력이 강성해져 가는 신라로 백제의 사신이 자주 오갔다. 그때나 지금이나 강대국에 약소국이 느끼는 설움은 깊고도 깊어 신라로 간 백제의 사신은 온갖 수모를 겪는 일은 예사요, 아예 돌아오지 못하는 경우도 더러 있었다. 그렇기 때문에 백제에서는 신라로 가는 사신을 위해 위로의

금원산 마애불

잔치를 베풀고 근심으로 떠나보내지 않을 수 없었다. 그 잔치를 베풀던 곳이 이곳으로, 근심[수愁]으로 사신을 떠나보냈다[송送] 하여 '수송대愁送臺'라 불렀다고 한다.

그러나 넓게 생각해 본다면 절의 뒷간이 '해우소解憂所', 즉 근심을 푼다는 의미의 이름으로 불리는 것처럼, 아름다운 경치를 즐기며 '근심을 떨쳐버린다'는 뜻이 수송대가 지니고 있는 원래의 뜻이었을 것이고, 더 깊이 생각해 본다면 백제의 옛 땅에서 대대로 살아온 민중들이 안타깝고 한스러운 백제의 역사를 각색해 입에서 입으로 전했던 것일지도 모른다. 수송대에서 지금처럼 수승대로 바뀐 것은 조선시대에 와서이다.

수승대에서 흐르는 세월을 벗하며

거창에서 널리 알려진 가문 중에 거창 신씨居昌愼氏가 있으며, 그들이 자랑스럽게 내세우는 사람이 요수樂水 신권愼權(1501~1573)이다. 그는 일찌감치 벼슬을 포기하고 이곳에 은거한 채 학문에만 힘을 썼다.

수송대 앞의 냇가에 있는 거북을 닮은 바위를 암구대巖龜臺라 이름 짓고 그 위에 단을 쌓아 나무를 심었으며, 아래로는 흐르는 물을 막아 보를 만들어 구연龜淵이라 불렀다. 암구대 옆 물가에는 구연재龜淵齋를 지어 제자들을 가르쳤으며, 이곳을 구연동龜淵洞으로 부르기 시

수승대 냇물 건너편 언덕에 요수정이 보인다.

작했다. 냇물 건너편 언덕에는 아담한 정자를 꾸미고 자신의 호를 따
서 요수정樂水亭이라는 편액을 걸었다. 지금 남은 요수정은 임진왜란
때 불에 타버린 것을 1805년에 다시 지은 것이다.

어느 날 자연 속에 살던 그에게 반가운 기별이 왔는데, 아랫마을
인 영송마을 지금의 마리면 영승마을에서 이튿날 당대의 이름난 유
학자인 이황李滉(1501~1570)이 찾아오겠다는 전갈이었다.

1543년 아직 이른 봄날, 정갈히 치운 요수정에 조촐한 주안상을
마련하고 마냥 기다리던 요수를 찾은 것은 퇴계가 아니라 그가 보낸
시 한 통이었다. 급한 왕명으로 서둘러 서울로 가게 된 이황은 다음
과 같은 시를 보내고 떠났다.

　수승搜勝이라 대 이름 새로 바꾸니
　봄 맞은 경치는 더욱 좋으리다
　먼 숲 꽃망울은 터져 오르는데
　그늘진 골짜기엔 봄눈이 희끗희끗

좋은 경치 좋은 사람 찾지를 못해

가슴속에 회포만 쌓이는구려

뒷날 한 동이 술을 안고 가

큰 붓 잡아 구름 벼랑에 시를 쓰리다

그 시를 받아든 신권은 다음과 같은 화답을 보냈다.

자연은 온갖 빛을 더해 가는데

대의 이름 아름답게 지어주시니

좋은 날 맞아서 술동이 앞에 두고

구름 같은 근심은 붓으로 묻읍시다.

정자에서 본 수승대

깊은 마음 귀한 가르침 보배로운데
서로 떨어져 그리움만 한스러우니
속세에 흔들리며 좇지 못하고
홀로 벼랑가 늙은 소나무에 기대봅니다

두 사람의 만남은 이루어지지 못했지만 두 사람이 주고받은 시는
만남보다도 더 정에 겨웠다. 이황은 수송대라는 이름의 연원이 좋지
못하다고 생각하여 '수승대'라는 새 이름을 지은 것이며, 그때부터
이곳을 수승대搜勝臺라 부르게 되었다고 한다.

거북바위인 암구대에는 이곳에 찾아왔던 선비들의 이름이 빼곡히
들어차 있으며, 퇴계 이황의 시 옆에 새겨진 시는 거창 지방의 선비였
던 갈천葛川 임훈林薰(1500~1584)의 시이다.

강 언덕에 가득한 꽃 술동이에 가득한 술
소맷자락 이어질 듯 흥에 취한 사람들
저무는 봄빛 밟고 자네 떠난다니
가는 봄의 아쉬움, 그대 보내는 시름에 비길까

한편 거북바위에는 전설 하나가 서려 있다. 장마가 심했던 어느
해, 불어난 물을 따라 윗 고을 북상의 거북이 떠내려왔다. 이곳을 지
키던 거북과 싸움이 벌어져 결국 여기 살던 거북이 이겼으며, 떠내려
온 거북은 죽어 바위로 변했는데, 그것이 바로 거북바위라 한다.

구연서원

　그가 생전에 제자들을 가르쳤던 구연재는 구연서원龜淵書院이 되었다. 서원의 문루가 관수루觀水樓인데 정면 3칸, 측면 2칸의 2층 누각 겹처마 팔작지붕 건물로, 기둥은 용트림을 하는 모양새의 자연스러운 나무를 썼다. 관수루는 조선시대 회화사에 빛나는 업적을 남긴 문인화가 관아재觀我齋 조영석趙榮祏(1686~1761)이 안음, 지금의 함양군 안의면 현감으로 재직하던 1740년에 지었다고 한다.

구연서원

　동계 정온의 그 정갈한 옛집이 있는 강동마을에 터를 잡고서 한 십여 분만 걸어 나

구연서원의 문루인 관수루

가면 도착할 수 있는 수승대에서 흐르는 강물을 바라보며 한세상을
보내는 것도 괜찮은 일일 듯싶다.

 교·통·편

거창에서 안의 쪽으로 3번 국도를 따라가다가 마리휴게소에서 우회전하여 37
번 국도를 따라간다. 마리면 율리에서 좌회전하여 37번 지방도로를 따라 3km
쯤 가면 정온 고택이 있는 강천리에 이르고 수승대는 바로 근처에 있다.

15

경남 합천군 가회면 둔내리
영암사

　나라 안에 있는 수많은 산들을 오르내리며 본 바로 우리나라의
산들은 저마다 나름대로의 아름다움을 간직하고 있다. 그래서 수많
은 사람들이 숨겨져 있는 산의 그 아름다움을 만나기 위해 산을 오
르는 수고로움을 마다하지 않는다.

　사람들이 나에게 높지 않으면서 갔다 오면 후회하지 않을 경상도
산을 추천해달라고 할 때, 망설이지 않고 추천하는 산이 해인사 건
너편에 있는 매화산梅花山(954m)과 합천군 가회면에 있는 황매산黃梅山
(1,113.1m)이다.

　황매산은 경상남도 합천군 대병면 가회면과 산청군 차황면에 걸
쳐 있는 산이다. 산 정상에는 성지가 있고, 우뚝 솟은 세 개의 봉우
리가 있으므로 삼현三賢이 탄생할 것이라는 전설이 전해져 왔다. 이곳

에 사는 사람들은 합
천군 대병면 성리에서
태어나 조선조 창업을
도운 무학대사無學大師
(1327~1405)와 삼가현
외토리에서 태어난 조
선 중기의 거유 남명南
冥 조식曺植(1501~1572),
전두환全斗煥(1931~2021)

합천 모산재

전 대통령을 삼현이라 들고 있다. 그 세 사람이 이 황매산의 정기를
받아 태어났다고 믿고 있으며, 어떤 사람들은 아직 세 번째 인물은
출현하지 않았다고 한다.

세 개의 봉우리 아래 마을

황매산 북쪽 월여산月如山(863m)과의 사이에 떡갈재가 있고, 남쪽으
로 천황재를 지나 전암산傳巖山(696m)에 이른다. 산 정상은 크고 작은
바위들이 연결되어 기암절벽을 이루고, 그 사이에 크고 작은 나무들
과 고산식물들이 번성하고 있으며, 산 정상에서 바라보는 전망 또한
빼어나다.

정상 아래의 황매평전에는 목장지대와 철쭉나무 군락이 펼쳐져 있
어 매년 5월 중순에서 5월 말까지 진홍빛 철쭉이 온 산을 붉게 물들

영암사지 뒤편에 병풍처럼 자리 잡은 모산재

인다. 능선은 남북으로 뻗고, 동남쪽 사면으로 흘러내린 계류들은
사정천射亭川을 이루며, 양천에 합류된 뒤 경호강鏡湖江으로 유입되며
북쪽의 사면에는 황강黃江의 지류들이 흘러나간다.

　이 산 중턱에 있는 '무지개 터'라는 작은 연못은 한국 최고의 명
당자리라는 말들이 전해져 온다. 풍수지리설에 의하면 이곳에는 용
마바위가 있어 비룡 상천하는 지형이므로 예로부터 이곳에 묘를 쓰
면 천자가 되며 자손만대 부귀영화를 누린다고 한다. 그러나 이곳에
묘를 쓰면 온 나라가 가뭄이 들기 때문에 명당자리이긴 하지만, 누
구도 써서는 안 될 자리라고 한다.

　모산재의 깎아지른 벼랑 위에 얹혀져 있는 바위 쪽으로 가서 산
아래 자락을 내려다보면 흡사 바위 전시장같이 기기묘묘한 바위들이

찬란하게 펼쳐져 있다. 각시바위 위에는 신랑 모양으로 생긴 신랑바위가 얹어져 있고, 탕건바위 남쪽에는 자매처럼 생긴 자매바위가 있다. 구름이 많이 끼어 구름재이고, 그 아래 들판은 푸르게 펼쳐져 있어 마치 들판이 섬처럼 보인다. 제비재, 한샘잇재, 곶감논 등 이름도 정다운 그 이름들 속에 내능바위가 보이고, 그 아래에 영암사지가 그림 속의 정원처럼 펼쳐져 있다.

경상남도 합천군 가회면 둔내리는 본래 삼가군 둔내면 지역으로 1914년 행정구역을 개편하면서 덕전동, 중심동, 복치동 일부를 병합하여 둔내리라고 지었다. 감바우마을 북쪽에 있는 폐사지廢寺址인 영암사지靈巖寺址를 이 지역 사람들은 영암사구질靈岩寺龜跌로 부르고 있다.

터만 남아 있는 영암사지의 정확한 창건 연대는 알려져 있지 않다.

영암사지를 이 지역 사람들은 영암사구질靈岩寺龜趺로 부르고 있다

신라시대의 절터로서 사적 제131호로 지정되어 있는 이 절은 해발 1,108m(1,113.1m)의 황매산 남쪽 기슭에 있다. 어느 시절이었던가 절은 망하고 터만 남아 있는 영암사지의 정확한 창건 연대는 알려져 있지 않다.

비석은 찾을 길 없고, 탁본첩만이 남아 있는 적연국사자광지탑비명寂然國師慈光之塔碑銘에 "왕은……. 스님의 간절한 청을 받아들여 물러나 조용히 살 수 있도록 했다. 이에 영을 내려 가수현 영암사에 머물도록 했다."라고 실려 있는 것이 영암사에 대한 유일한 기록이다.

가수현은 삼가현의 옛 이름이라서 이곳이 분명한데, 하지만 고려 때인 1014년에 영암사에서 적연선사寂然禪師가 83세로 입적하였다는 기록이 남아 있어 그 이전에 세워졌던 것으로 추정하고 있다.

동아대학교 박물관에서 1984년에 절터의 일부를 발굴 조사하여

영암사지에는 그 당시의 건물의 초석 즉 당시의 건물 축대석이 잘 보존되어 있다.

사찰의 규모를 부분적으로 밝혀졌다. 그때 밝혀진 바로는 불상을 모셨던 금당과 서금당·회랑 등 기타 건물들의 터가 확인되어 당시의 가람 배치를 파악하게 되었다.

특히 회랑이 있었다는 것은 이 절의 품격이 어떠했는가를 알 수 있는 것으로 경복궁의 회랑에서 보듯이 왕조시대에서 회랑은 대체로 왕권의 상징이었다. 경주의 불국사와 황룡사, 익산의 미륵사지 등은 왕실과 깊은 관계였거나 국가적인 중요성을 갖는 절이었다.

영암사지 금당은 개축 등 세 차례의 변화가 있었음이 밝혀졌고, 절터에는 통일신라 때에 제작된 것으로 보이는 영암사지 쌍사자 석등과 삼층석탑, 그리고 통일신라 말의 작품인 귀부 2개가 남아 있다. 뿐만 아니라 이 영암사지에는 그 당시의 건물의 초석 즉 당시의 건물 축대석이 잘 보존되어 있으며, 발굴 결과 통일신라 말에서부터 고려

시대 초기에 이르는 각종 기와편 등이 다량으로 출토되었다. 그때 출토된 유물 가운데 높이가 11cm인 금동여래입상 1점은 8세기경에 제작된 것으로 판단되어 영암사지의 창건 연대를 어렴풋이나마 짐작하게 해준다.

일주문도 없고 변변한 건물도 없이 그저 요사채만 지어진 영암사지의 돌계단을 오르면 눈앞에 나타나는 것이 영암사지삼층석탑靈岩寺址三層石塔이다.

영암사지삼층석탑은 높이가 3.8m이며, 보물 제480호로 지정되었다. 2중 기단 위에 세워진 전형적인 신라양식의 방형 삼층석탑으로 하층 기단은 지대석과 면석을 단일석에는 가공한 4매의 석재로 구성하였다. 각 면에는 우주와 탱주 1주씩을 모각하였고, 그 위에 갑석을 얹었다. 갑석의 윗면에는 2단의 범을 조각하여 상층 기단을 받치게

영암사지삼층석탑

하였다. 탑신부는 각 층마다 옥신과 옥개를 별석으로 만들었고, 1층 탑은 약간 높은 편이며 2, 3층은 크게 감축되었다.

옥신석에는 우주를 모각하였고, 옥개석은 비교적 엷어서 지붕의 경사도 완만한 곡선으로 흘러내렸으며 네 귀에서 살짝 반전하였다. 처마는 얇고 수평을 이루었으며, 4단의 받침을 새겼다. 상륜부는 전부 없어졌고, 3층 옥개석의 뒷면에 찰주공이 패어 있다. 이 탑은 상층 기단과 1층 탑신이 약간 높은 느낌은 있으나 각 부재가 짜임새 있는 아름다운 탑으로 탑신부가 도괴倒壞(넘어지거나 무너짐)되었던 것을 1969년에 복원하였다.

영암사지 뒤편으로 기암괴석이 신록과 어우러진 황매산이 보이고, 그 바로 앞에 아름다운 석등이 있다.

질서도 정연하게 천년의 세월을 견디어낸 석축에 통돌을 깎아내서

합천 영암사지 쌍사자 석등

계단을 만든 그 위에 영암사지 석등이 외롭게 서 있다.

영암사지 쌍사자 석등은 높이가 2.31m이며, 보물 355호로 지정되어 있는 8각의 전형적인 신라 석등 양식에서 간주만을 사자로 대치한 형식이다. 높은 8각 하대석의 각 측면에는 사자로 보이는 웅크린 짐승이 한 마리씩 양각되었고, 하대석에는 단판 8엽의 목련이 조각되었다.

상면에는 각형과 호형의 굄이 있고, 한 개의 돌로 붙여서 팔각 기둥 대신 쌍사자를 세웠는데, 가슴을 대고 마주 서서 뒷발은 복련석 위에 세우고 앞발은 들어서 상대석을 받들었으며 머리를 뒤를 향하였다. 갈기와 꼬리, 그리고 몸의 근육 등이 사실적으로 표현되었으나 아랫부분에 손상이 많아 바라보기가 안쓰럽다.

영암사지 쌍사자 석등 하대석

상대석은 하대석과 비슷하게 꽃잎 속에 화형이 장식된 단판 8엽의 양련석이다. 화사석은 8각 1석이고, 4면에 장방형 화창을 내었는데 주위에 소공小孔이 있어 창호를 달았던 듯하며 남은 4면에는 사천왕입상이 조각되었다.

옥개석의 처마 밑은 수평이며, 추녀 귀에는 귀꽃이 붙어 있고, 상륜부는 전체가 없어졌다. 통일신라 말기의 미술품을 대표할만

한 우수한 작품인 이 석등은 1933년
쯤 일본인들이 야간에 해체한 뒤 불
법으로 가져가던 것을 마을 사람들
허맹도를 비롯한 청년들이 탈환하여
가회면사무소에 보관하였다가 1959
년 원위치에 절 건물을 지으면서 다시
이전한 것이다.

영암사지 쌍사자 석등

　그때 사자상의 아랫부분이 손상
을 입었다. 속리산 법주사 쌍사자 석
등과 겨룰 만큼 아름다운 쌍사자 석등과 금당의 기단에 새겨져 있
는 선녀비천상을 바라보며, 나는 옛사람들이 얼마나 지극한 정성으
로 이러한 조형물들을 만들었을까, 하는 생각에 감사한 마음을 금
함 길이 없다.

　지금은 그을음만 남아 있는 이 석등에 한 시절 불이 켜져 있었을
것이다. 그리고 은은하게 불이 켜진 법당 안에서는 낭랑한 목탁 소
리, 염불 소리가 들렸을 것이다. 불심 가득한 사람들이 이 절터로 몰
려들고 그들의 기도 소리가 이 절터를 메아리쳤을 것이다.

지극한 정성으로 만든 석물들

　금당터를 지나 옆으로 난 길을 따라가면 2개의 귀부가 남아 있는
서금당에 이른다. 이수와 비신이 없어진 채로 남아 있는 동쪽 귀부는

1.22m이고, 서쪽 귀부는 1.06m로서 보물 489호로 지정되어 있다.

영암사지 쌍사자 석등

법당지를 비롯한 건물의 기단들과 석등의 잔해까지 그대로 남아 있어 그 당시 사찰의 웅장함을 알 수 있는데, 이들 귀부는 법당지의 각각 동서쪽에 위치하고 있다. 동쪽 귀부가 서쪽 귀부보다 규모가 약간 크다. 똑바로 뻗은 용과 용두화된 귀두, 입에 여의주를 물고 있는 것 등이 거의 흡사하다. 동쪽 귀부의 등갑에는 전체에 육각으로 된 복각선문을 조각하였고, 등 중앙에 마련한 비좌의 주변에는 아주 정밀하게 사실적으로 묘사한 인동인권문을 조각하였다. 서쪽 귀부는 동쪽 귀부보다 평범하며 등갑에는 역시 복선갑문과 인동문을 조각하였다.

영암사지 석축

시도 때도 없이 자주 찾아가는 영암사 터에 어떤 때는 우리 일행 외에는 어느 누구도 없을 때가 있다. 고색창연한 석탑과 석등만 외롭게 서 있을 때, 그 앞으로 다가

영암사지

가면 문득 옛사람들의 일화가 떠오르기도 한다.

어느 날이었다. 젊은 승려 한 사람이 수행이 깊은 선사禪師에게 찾아와 다음과 같이 말했다.

"새로 들어온 사람입니다. 저에게 가르침을 내려 주십시오."

선사는 그 승려의 물음에 다음과 같이 답했다.

"그렇다면 그대가 들고 온 것을 내려놓게."

그러자 젊은 승려가 말했다.

"예? 손에는 아무것도 들려 있는 게 없는데요?"

그 말을 들은 선사는 다음과 같이 답했다.

"그래? 그렇다면 계속 들고 있게."

영암사지

그 말을 들은 젊은 승려는 큰 깨달음을 얻었다.

깨달음을 얻는 것도, 평생을 헤매기만 하다가 세상을 하직하는 것
도 사람마다 하나하나의 독립된 우주宇宙라고 볼 때, 한 우주의 몫이
리라.

옛 선인들의 말대로라면 바위가 많고 물이 풍부한 황매산은 어디
를 보아도 명산名山이고, 이런 산을 오르내리면 몸과 마음이 저절로

건강해지는 것은 더 말할 나위가 없을 것이다.

가회면 일대가 마치 분지처럼 보이고, 푸른 대기저수지가 보이는 곳, 영암사지가 있는 가회면 둔내리 감바우마을에 그림 같은 집 한 채 지어놓고서 사랑하는 사람과 한 시절을 보낸다면 얼마나 좋으랴?

 교·통·편

영암사 터가 있는 가회면 둔내리로 가는 길은 여러 갈래이다. 합천군 삼가면 소재지에서 60번 지방도를 따라가면 가회면 소재지에 이른다. 가회면 소재지에서 황매산 쪽으로 난 군도를 따라 7·8km를 가면 둔내리에 이른다.
또 하나는 합천군 대병면에서 1026번 지방도를 따라 7km쯤 가다 칙목삼거리에서 좌회전하여 둔내리로 이르는 길도 있으며, 산청군 신등면으로 해서 가는 길도 있다.

16

경남 함양군 지곡면 개평리
정여창의 고향

당나라 현종 때의 고사에 '한단지몽邯鄲之夢'이라는 이야기가 있다. 여옹呂翁이라는 도사가 한단의 어떤 주막 앞에서 쉬고 있었다. 그때 노생盧生이라는 초라한 청년이 장안으로 과거를 보기 위해 가다가 여 옹 옆에 자리를 잡고서 자신의 신세를 한탄하던 중에 선잠이 들었다.

그를 안타깝게 바라보던 여옹이 양쪽에 구멍이 뚫린 도자기 베개 를 꺼내주자 그것을 베고서 잠에 빠져들었다.

베개의 양쪽 구멍이 점점 커져서 그 속으로 들어가자 고래등 같은 집이 있었고, 그 집의 딸과 결혼한 노생은 과거에 급제하여 행복하 게 살았다. 그러나 행복했던 시절도 잠시 노생은 역모사건에 몰렸다. 가까스로 사형은 면하였지만 변방으로 유배를 가서 한 많은 세월을 보내다가 고향으로 돌아와 쓸쓸하게 살다가 죽었는데, 그의 나이

함양 상림

80세였다.

　노생이 번쩍 눈을 뜨자 하룻밤 꿈이었다. 이 꿈을 통해 인생이 봄날의 꿈처럼 허망하다는 것을 깨달았다. 부귀영화보다는 고향에서 편안한 생활을 보내는 게 나을 것이라는 생각에 과거를 그만두고 귀로에 올랐다는 이야기이다.

　동양의 지혜나 서양의 지혜나 매일반이라서 그런지 단편소설 〈검은 고양이〉를 지은 에드거 앨런 포Edgar Allan Poe(1809~1849)도 "우리가 보거나 생각하는 모든 것은 꿈에 지나지 않는다."라는 말을 남겼다.

　대부분의 사람들은 누구든지 간에 꿈속에서가 아니라 현실 속에서 살아 있는 동안에 좋은 곳에 터를 잡고서 좋은 집 한 채 지어 놓

함양군 안의면에 있는 광풍각

고서 살고 싶은 마음이 있을 것이다.

그 마을이 한 시대를 빛낸 사람으로 오래오래 가슴속에 남아 있으면서 존경심이 우러나오는 사람이 살았던 곳이라면 그것만으로도 가슴이 훈훈할 것이다.

흔히 '뼈대 있는' 고장을 말할 때 "좌안동左安東, 우함양右咸陽"이라는 말을 쓰는 그 역사성이 돋보이는 고장이 바로 이곳이며, 조선 초기의 학자로 김종직金宗直(호는 점필재佔畢齋, 1431~1492)의 제자였던 일두一蠹 정여창鄭汝昌(1450~1504)의 고향이 바로 그곳이다.

일두 정여창의 고향 마을

좌안동이라고 부를 때 낙동강의 동쪽인 안동은 훌륭한 유학자를 많이 배출할 땅이고, 낙동강 서쪽인 함양에서 빼어난 인물들이 태어난다는 설이다. 이러한 우'함양'의 기틀이 된 사람이 안의현감을 지냈던 정여창이었다. 정여창은 조선 성종 때의 문신으로 본관은 경남 하동이고 자는 백욱佰勖, 호는 일두一蠹였다. 그의 아버지는 이시애의 난 당시 함길도咸吉道 병마우후兵馬虞候로 출전하여 이시애 군과 결사 항전하던 중 전사하고, 사후 적개원종공신의 녹훈(錄勳)을 받고 한성부좌윤漢城府左尹에 추증된 정육을鄭六乙였지만, 정여창이 여덟 살 되던 해 세상을 떠났다.

혼자서 독서하던 정여창은 한훤당寒暄堂 김굉필金宏弼(1454~1504)과 함께 김종직의 문하에서 학문을 연마하였는데, 특히 그는《논어論語》에 밝았고, 성리학을 깊이 연구하였다.

성종 임금이 성균관에 유서를 내려 행실에 밝고 경학에 밝은 사람을 널리 구하자 성균관에서 그를 제일 먼저 천거하였지만 사양하였고, 1483년 8월 성균관에서 그를 제일로 천거하였지만 벼슬에 나가지

일두 정여창 고택

않았다. 1486년 어머니가 이질에 걸리자 극진히 간호하였지만, 어머니가 죽자 상복喪服을 벗지 않고 3년 동안 시묘侍墓하였다. 그 뒤 하동 악양동岳陽洞에 들어간 정여창은 섬진나루에 집을 짓고 대나무와 매화를 심은 뒤 한평생을 그곳에서 지내고자 하였다.

그러나 세상의 일은 마음먹은 대로 되지 않는 것이다. 1490년 참의 윤휘尹暉(1571~1644)가 효행과 학식이 뛰어난 선비라 하여 정여창을 천거하여 소격서 참봉에 제수되었다. 하지만 자신의 직분을 들어 사양하였다.

성종은 정여창의 사직상소문의 글에다 "경의 행실을 듣고 나도 모르게 눈물이 났다. 행실을 감출 수 없는데도 오히려 이와 같으니 이것이 경의 선행이다."라고 쓰고, 사임을 허가하지 않았다. 그해에 별시문과에 합격한 정여창은 예문관검열藝文館檢閱을 거쳐 다시 동궁이

일두 정여창 고택

었던 연산군을 보필하였지만 강직한 그의 성품 때문에 연산군이 그를 좋아하지 않았다.

연산군 1년(1495)에 안음현감安陰縣監에 제수된 정여창은 일을 처리함에 공정하였으므로 정치가 맑아지고 백성들로부터 칭송이 그치지 않았다. 물어본 뒤에 시행하였고, 원근에서는 그를 찾아와 판결을 받았다고 한다.

벼슬길에 올라서는 세자에게 강론하는 시강원侍講院 설서說書(세자시강원에서 경사經史와 도의道義를 가르치는 일을 맡아보던 정칠품 벼슬)를 지낼 만큼 학문이 뛰어났다. 그러나 연산군 때에 그의 스승인 김종직과 더불어 무오사화에 연루되어 함경북도 종성면에 유배되어 죽었다. 그 뒤 갑자사화 때 부관참시되었다.

어린 시절 아버지와 함께 중국의 사신과 만난 자리에서 그를 눈여겨본 중국 사신이 "나이 들어서 집을 크게 번창하게 할 것이니 이름을 여창汝昌이라 하라"고 했던 말처럼, 그의 학문과 덕망이 출중하여 김굉필, 조광조趙光祖(1482~1519), 이언적李彦迪(1491~1553), 이황李滉(1501~1570)과 더불어 조선 성리학의 오현五賢으로 추앙을 받았다.

정여창이 태어난 개평리는 댓잎 네 개가 붙어 있는 개介자 현상이라 개평이라는 마을 이름이 붙었다. 본래 함양군 덕곡면 지역이었던 개평리는 남강의 상류천인 남계천가에 있으므로 갯들 또는 개평이라고 하였는데, 1914년에 개평리라고 해서 지곡면에 편입되었다.

개평 서북쪽에는 모양이 거북이 형상인데 목이 떨어진 거북바우가 있고, 개평 북쪽에는 교수정教壽亭이라는 정자가 있다. 개평 북서쪽에는 조선 후기에 개음공介陰公이 지었다는 면귀정이 있으며, 개평리에 있는 홍문紅門은 정개청을 모신 사당의 이름이다.

개평 남쪽에는 신선대라는 작은 산이 있고, 신선대에는 옛날 신선이 바둑을 두었다는 신선바우라는 바위가 있다. 개평리 남쪽에는 산막이 있었다는 산막골이 있고, 개평 서남쪽에는 불미골이라는 골짜기가 있으며, 독새미 동산새미라는 이름의 옛날 샘이 있다.

개울가를 따라 천천히 들어가면 야트막한 돌담 너머 사과밭이 아름다운 길이 나오고 다시 골목으로 휘어들면 만나는 솟을대문, 그 대문에는 정려旌閭를 게시한 문패가 4개나 편액扁額처럼 걸려 있다.

《토지》의 무대였던 개평리

대문간을 들어서면 곧바로 사랑채가 보이고, 그대로 들어가면 안채로 들어가는 일각문이 나온다.

중요 민속자료 186호로 지정되어 있는 이 집은 그의 후손인 정병호 씨의 이름을 따서 정병호가옥鄭炳鎬家屋으로 불리고 있다. 이 집이 처음 지어진 것은 500여 년이 넘었을 것으로 추정되는데, 이 집의 안채는 경상도 청하현감을 지낸 선조가 300여 년 전에 지었으며, 사랑채는 서산군수를 지낸 정병호의 고조부가 지은 집이라고 한다.

조선 중기와 후기의 주택연구에 귀중한 자료로 평가되는 이 집의 집터는 풍수지리를 공부하는 사람들에게 널리 알려진 집이다. 이 집이 사람들에게 회자되기 시작한 것은 박경리 대하소설 《토지》가 TV

정여창 고택 안채

드라마화되면서부터였을 것이다. 《토지》의 무대인 하동 평사리에서 최참판댁을 구하지 못한 제작진들이 이곳 정병호가옥을 최참판댁으로 설정하였고, 정면 5칸에 측면 2칸의 ㄱ자 팔작지붕 집인 이 집 사랑채가 사람들에게 알려졌다.

서슬 푸른 최치수의 고함 소리가 터져 나오던 곳도 이곳이고, 최치수를 살해했던 평산 영감과 귀녀가 붙잡혀 왔던 곳은 이곳이었다. 돌을 모아서 산과 골짜기를 만들고 갖가지 나무가 심어졌었을 사랑채 앞마당에는 늙은 소나무가 언제나 가도 변함없이 그 집을 지키고 있다.

안채로 들어가면 으레 마루에 편하게 앉아서 이곳저곳을 바라다본다. 그러나 사람의 온기가 느껴지지 않는 이 집은 바라볼수록 안쓰럽기만 하다. 뒤 안으로 들어가 장독대의 장독들을 하나하나 떠

안의 현청이 있던 안의초등학교

들어보지만 장 내음이나 된장 냄새와 그리고 김치 냄새가 물씬 풍길 것 같지만 텅 비어 있다.

안의현에서 현감으로 재직할 때의 글 한 편이 박지원의 아들인 박종채朴宗采(1780~1835)가 지은 《과정록過庭錄》에 실려 있다.

연암이 안의현감으로 있을 때의 일이다. 하루는 낮잠을 자고 일어나더니 슬픈 표정으로 아랫사람에게 분부를 내렸다.

"대나무 숲속 그윽하고 고요한 곳을 깨끗이 쓸어 자리를 마련하고 술 한 동이와 고기, 생선, 고일, 포를 갖추어 성대하게 술자리를 차리도록 하라."

연암은 평복 차림으로 그곳으로 가서 술잔을 가득 따라 올리신 뒤 한참을 앉아 계시다가 서글픈 표정으로 일어났다. 그리고 상 위에 차렸던 음식을 거두어 아전과 하인들에게 나누어 주게 하였다.

이상하게 여긴 아들 박종채가 그 연유를 묻자 연암은 다음과 같이 대답했다고 한다.

"저번에 꿈을 꾸었는데 한양성 서쪽의 친구들 몇이 나를 찾아와 말하기를 '자네 산수 좋은 고을의 원이 되었는데 왜 술자리를 벌여

우리를 대접하지 않는 것인가?'라고 하였는데, 꿈에서 깨어 가만히 생각해보니 모두 죽은 사람들이었다. 마음이 서글퍼서 상을 차려 술을 한 잔 올린 것이다. 그러나 이것은 예법에 없는 일이고, 다만 내가 그러고 싶어서 그랬을 뿐이다. 어디다 할 말은 아니다."

이 얼마나 가슴이 훈훈해지고 또 쓸쓸함이 물밀듯 몰아오는 이야기인가? 죽은 사람과 산 사람 사이에 과연 '텔레파시'라는 것이 존재한다는 말이 되기도 하고, 그것을 순응하듯 받아들이고 술 한 잔 올리며 서글퍼하는 연암의 마음, 아, 세월은 그 누구라도 다 돌아가게 한다. 그런데 대부분의 사람들은 가버린 것이나 오지 않은 내 일 때문에 항상 걱정이 떠나지 않는다.

하지만 이미 가버린 것이나 아직 오지 않은 일을 우리가 무엇을 알 수 있으랴, 불경에는 다음과 같은 경이 나온다.

과거를 따라가지 말고
미래를 기대하지 말라.
한 번 지나간 것은 버려진 것
또한 미래는 아직 오지 않았으니
이러저러한 현재의 일을
이모저모로 자세히 살펴
흔들리거나 움직임 없이
그것을 잘 알고 익히라.
오늘 할 일을 부지런히 행하라.

한편 이곳에서 멀지 않은 승안산昇安山(311.1m)에 승안사昇安寺의 절터와 정여창의 묘소가 있다.

《신증동국여지승람新增東國興地勝覽》에 "승안사는 사암산蛇巖山에 있다."라는 구절만 나와 있는 승안사지는 함양군 수동면 우명리에 위치한 승안산 자락에 있다. 일두 정여창 선생의 묘소가 있던 곳이라고 말해야 찾기가 쉬운 승안사지는 거창으로 향하는 길가에서 1km쯤의 시멘트 길을 따라 올라가면 나타난다.

운치 있게 자리 잡은 소나무 한 그루 보이지 않고 잡목만이 늘어선 길을 한없이 오르다 보면 하동 정씨河東鄭氏 묘소를 관리하는 고가가 나타나고, 그 앞에 경상남도 유형문화재 제33호인 함양 석조여래좌상이 냇가를 등진 채 서 있다.

높이가 2.3m에 이르는 석조여래좌상은 대형화된 고려 초기의 불상으로 보이며, 오른손이 떨어져 나갔고, 하체는 땅속에 묻혀 있다. 머리가 커서 가분수로 보이고, 세월의 두께인 양 콧날까지 푸른 이끼가 얹어져 있지만 알 듯 말 듯한 미소는 바라볼수록 표현하기 힘든 아름다움을 드러내 준다고 할까.

석조여래좌상의 뒤편으로 100m 떨어진 곳에 보물 제294호인 승안사지삼층석탑昇安寺址三層石塔이 위치해 있다. 1962년 탑을 옮기는 과정에 성종 2년(1494)에 탑을 옮겨 세웠음을 알 수 있는 이 탑이 원래 서 있었던 자리는 하동 정씨 제각이 서 있던 곳이었을 것이라고 추정되고 있다.

높이가 4.3m에 이르고, 2층 기단 위에 3층 탑신을 올린 통일신라

석탑의 양식을 따르고 있지만 고려 초기의 작품일 것으로 추정하는 승안사지삼층석탑은 기단과 탑신을 각종 조각으로 장식한 아름다운 탑이다.

특히 삼층 기단의 각 면에 우주와 평화를 목각하여 면을 둘로 나누고, 그 안에 각 1구씩의 불상이나 보살상, 비천상을 양각하였는데, 각 조각들은 차와 꽃을 공양하거나 비파, 생황, 장구, 피리를 연주하는 모습이다. 1층 몸돌에는 각 면에 사천왕상을 하나씩 양각하였고, 2층과 삼층 몸돌에는 우주만 새겨져 있다. 상륜부는 노반, 복발, 양화가 남아 있지만 양화는 거의 파손되어 있다. 그러나 전체적으로 볼 때 폐사지에서 이만한 아름다운 탑 하나를 만난다는 것은 답사객들에게 더할 수 없는 행운일 것이다.

그곳에서 산을 올려다보면 돌계단이 나타나고, 그 길을 따라가면 정여창 선생의 묘소가 있다.

한 폭의 아름다운 풍경화 같기도 하고, 산책로 같기도 한 승안산 자락 승안사지 가는 길에서 나와 함양 쪽으로 한참을 가다 만나는 곳이 청계서원靑溪書院과 남계서원藍溪書院이다.

정여창 고택 장독대

함양의 남계서원은 정여창과 강익, 정온을 배향한 서원이다.

조선 초기의 대문장가인 김일손을 모신 함양의 청계서원

청계서원은 조선 초기의 대문장가로 무오사화 때 희생된 김일손金
馹孫(호는 탁영濯纓, 1464~1498)을 모신 서원이고, 남계서원은 정여창과 강
익姜翼(호는 개암介菴 또는 송암松菴, 1523~1567), 정온鄭蘊(호는 동계桐溪 또는 고고
자鼓鼓子, 1569~1641)을 배향한 서원이다.

남계서원은 명종 7년에 세워져 21년에 사액을 받았다. 흥선대원군
의 서원 철폐 때에도 훼철되지 않은 47곳 가운데 하나인 남계서원의
강당인 명성당이다.

홍살문과 하마비下馬碑를 지나 서원에 들어서면 만나는 건물이 풍
영루風詠樓이고, 그 아래에 연못이 있다. 산청의 덕천서원德川書院과 달
리 유생들이 기거하던 재가 좁은 이곳 남계서원의 여름 풍경은 배롱
나무 꽃으로 하여 화사하기 이를 데 없다.

한편 이곳에서 멀지 않은 함양군 서하면 송계리에서 안의면 월림
리에 이르는 계곡을 팔담팔정八潭八亭의 화림동花林洞이라 하여 예로부
터 함양 안의 일대의 명소로 알려진 곳이다.

 교·통·편

함양이나 안의에서 24번 국도를 따라가다 보면 지곡면 소재지에 닿는다. 그곳
에서 정여창 고택이 있는 개평리는 아주 가깝게 있다.

17

경남 산청군 단성면 단속사 터
삼층석탑이 그림처럼 아름다운 운리

누구나 가끔씩은 번거로운 이 세상에서 벗어나 한적한 곳에 자리 잡고서 아무도 만나지 않고서 살아갔으면 싶은 때가 있을 것이다.

"사람이 세상을 사는 것이 마치 백구과극白駒過極(달리는 말을 틈 사이로 보듯 세월이 빠르다는 뜻)과 같은데, 비 오고 바람 부는 날과 시름하는 날이 대개 3분의 2나 되며, 그중에 한가한 때를 가지는 것은 겨우 10분의 1 정도밖에 안 된다.

더구나 그런 줄을 알고 잘 누리는 사람은 또한 백에 하나나 둘이고, 백에 하나나 되는 속에도 또한 허다히 음악이나 여색으로 낙을 삼으니 이는 본래 즐거움을 누릴 수 있는 경지가 자신에게 있다는 것을 알지 못해서이다. 눈에 보기 좋은 것이 당초부터 여색

228

단속사지 부근

에 있지 않고 귀에 듣기 좋은 것이 당초부터 음악에 있지 않는 법이다.

밝은 창 앞 정결한 탁자 위에 향香을 피우는 속에서 옥을 깎아 세운 듯한 얌전한 손님과 서로 마주하여, 수시로 옛사람들의 기묘한 필적筆迹을 가져다가 조전鳥篆(새 발자취 같은 전자篆字), 와서蝸書(달팽이 자취 같은 글씨)와 기이한 산봉우리, 멀리 흐르는 강물을 관상하고, 옛 종鐘과 솥을 만지며 상商·주周 시대를 친히 관찰하고, 단계 지방에서 나는 좋은 벼루와 먹물이 암석巖石 속의 원천 솟듯 하고, 거문고 소리가 패옥佩玉이 울리듯이 한다면, 자신이 인간 세상에 살고 있음을 모르게 되는 것이다. 이른바 청한淸閑의 복을 누린다는 것이 이보다 나은 것이 있겠는가."

허균許筠(1569~1618)이 엮은 《한정록閑情錄》 제10권의 《산가청사山家淸事》에 나오는 글을 읽으면 모든 것 접고 그런 곳으로 가서 그런 사람과 살고 싶다. 하지만 인간 세상에 그런 곳이 어디 있겠는가? 하고 마음 접었다가 언젠가 꽃피는 봄날 그곳에 우연히 가서 보니 그와 같은 삶을 살 수가 있을 것 같이 여겨졌다. 그곳이 지리산의 지맥인 웅석봉熊石峯(1,099m) 아래 자리 잡은 단속사斷俗寺 터 부근이다.

세상을 버리고 살만한 곳

산청군山淸郡 단성면丹城面 운리雲里의 연골 북쪽에는 지형이 옥녀직금혈玉女織錦穴이라는 옥녀봉玉女峯이 있으며, 그 아래 운리마을에 단속사 터라는 절터가 있다.

단속과 탑동 사이에 있는 단속사는 절 이름에서부터 초연한 아름다움이 풍기는 절이다. 한때는 이 절을 찾는 신도들이 단속사의 초

단속사 비석

입인 광제암문廣濟岩門에서 미투리를 갈아 신고 절을 한 바퀴 돌아 나오면 어느덧 미투리가 닳아 떨어져 있었다는 이야기가 전해올 만큼 규모가 장대했다고 한다. 하지만 현재는 옛날의 그 웅장했던 단속사는 눈으로는 볼 수 없고, 마음으로만 볼 수 있으며, 오로지 보물로 지정된 동서 삼층석

탑과 옛 모습을 잃은
당간지주만 남아 있을
뿐이다.

아침저녁으로 쌀 씻
은 물이 십 리를 흘렀
다는 절은 오간 데 없
고 1984년에 복원된
단속사 터 당간지주와
보물 제72호인 동 삼

단속사지삼층석탑

층석탑과 73호인 서 삼층석탑만 남아 있을 뿐인 이 절은 "속세와의
인연을 끊는다."라는 말로 풀이된다.

단속사의 가장 오래된 기록은 일연一然(1206~1289)이 지은 《삼국유
사三國遺事》〈신충괘관信忠掛冠〉에 나오는 글이다.

"경덕왕 22년(763) 계묘에 어진 선비 신충信忠(신라 효성왕 때의 대신, ?~?)
이 두 벗과 서로 약속하고 벼슬을 버리고 남악으로 들어갔다. 왕이
두 번을 불러도 나아가지 않고 머리를 깎고 중이 되었다. 그는 왕을
위하여 단속사를 창건하여 기거하면서 평생을 구학에서 마치며 왕의
복을 빌 것을 원하였더니 왕이 허락하였다. 임금의 진상을 모셨는데
금당 뒷벽에 있는 것이 그것이다. 절 남쪽에 있는 마을이 속휴俗休인
데, 지금은 틀리게 불려 소화리小花里라고 부른다."라는 기록으로 보
아서 단속사는 세속적인 것에서 벗어나 불법의 오묘한 이치를 깨우
친다는 의미보다는 신충이 왕의 초상화를 금당에 모시고 왕과 왕실

의 안녕을 기원하던 절이었을 것이라고 추정된다.

　두 번째는 "경덕왕 때에 직장直長 이준李俊(699~767)이, 통일신라시대에 김대문金大問(?~?)이 지은 《고승전高僧傳》에는 이순李純이라고 실려 있다. 이 일찍부터 나이 오십이 되면 출가하여 절을 세우기를 발원하였다. 경덕왕 7년(748)에 그의 나이 오십이 되던 해 조연槽淵이라는 작은 절을 고쳐 큰절을 만들고 이름을 단속사라고 하고, 자신도 머리를 깎고 중이 되어 이름을 공굉장로孔宏長老라 하면서 이 절에서 20년 동안 살다가 죽었다.

　위의 기록을 볼 때 그들이 절을 짓기 이전에 이미 절이 있었고, 그 절이 언제 이름을 바꾸었는지 알 길이 없다. 일연 스님은 그래서 절 이름을 둘 다 적는다고 하였는데, 또한 단속사가 언제 폐사되었는지 알 길이 없다.

　전해오는 말에는 수백 칸이 넘는 단속사에 식솔이 많아 학승들이 공부하는데 지장이 많았다고 한다. 고민에 고민을 거듭하던 한 도인이 속세와 인연을 끊는다는 의미로 금계사錦溪寺였던 절 이름을 단속사라고 고치도록 하였다.

　이름을 바꾸자 사람들의 발길이 끊어지고 폐사가 되었다고 하는데, 실상은 조선 선조 즉위년인 1567년에 지방 유생들이 단속사의 불상과 경판 등을 파괴하면서 폐사가 되었다. 이 절은 그 뒤 정유재란 뒤에 재건이 되었다가 다시 폐사가 되어 오늘에 이르렀다.

　무오사화 때 희생된 김일손金馹孫(1464~1498)이 정여창鄭汝昌(1450~1504)과 더불어 천왕봉을 등반하고 지은 《두류기행록頭流紀行錄》에 단속사

232

일대의 풍경이 다음과 같이 실려 있다.

남사리 회화나무

"계곡에 들어서니 바위를 깎은 면에 '광제암문'이라는 네 글자가 새겨져 있었다. 글자의 획이 힘차고 예스러웠다. 세상에서는 최고운崔孤雲(최치원崔致遠, 857~?)의 친필이라고 한다. 5리쯤 가자 대나무 울타리를 한 띠집과 피어오르는 연기와 뽕나무밭이 보였다. 시내 하나를 건너 1리를 가니 감나무가 겹겹이 둘러 있고, 산에는 모두 밤나무뿐이었다.

장경판각藏經板閣이 있는데, 높다란 담장으로 빙 둘러져 있었다. 담장에서 서쪽으로 백 보를 올라가니 숲속에 절이 있고, 지리산단속사라는 현판이 붙어 있었다. 문 앞에 비석이 있는데, 고려시대 평장사 이지무李之茂(?~?)가 지은 대감국사大鑑國師 탄연坦然의 비석이었다.

금나라(완안完顔 대정大定, 금나라 세종의 연호) 연간에 세운 것이었다. 문에 들어서니 오래된 불전이 있는데, 주춧돌과 기둥이 매우 질박하였다. 벽에는 면류관을 쓴 두 영정이 그려져 있었다. 이 절의 승려가 말하기를 "신라의 신하 유순柳純이 녹봉을 사양하고 불가에 귀의해 이절을 창건하였기 때문에 '단속'이라 이름하였습니다. 임금의 초상을 그렸는데, 그 사실을 기록한 현판이 남아 있습니다."고 하였다." (중략) "절간이 황폐하여 지금 중이 거처하지 않은 방이 수백 칸이나 되고 동쪽 행랑에 석불 500구가 있는데 하나하나가 각기 형상이 달라서 기이하기만 했다."

한편 전해오는 말에 신라 때의 이름난 화가 솔거率居(?~?)가 그린 〈유마상維摩像〉이 있었다고 하지만 찾을 길이 없다. 그러나 단속사의 창건이 8세기이고, 솔거는 6세기 때 살았던 사람이기 때문에 솔거가 유마상을 단속사에 와서 직접 그린 것이 아니고, 다른 곳에 있었던 솔거의 그림을 이 단속사로 옮겨왔을 것이다.

이곳 단속사 터에는 동서 삼층석탑이 있는데, 불국사나 실상사, 그리고 보림사처럼 쌍탑 가람이 심심산골 지리산까지 전파된 것은 삼국통일 이후였다.

단속사 동, 서 삼층석탑은 전형적인 신라 석탑으로서 5.3m로 크기와 모양새가 거의 같다.

남사리 골목

각 부분은 비례와 균형비가 알맞아서 안정감이 있고, 또한 치석의 수법이 정연하여 우수하다.

하층 기단의 면석은 비교적 높고 각 면마다 우주와 탱주 둘을 모각하였으며, 상층 기단의 면석에는 4매의 판석을 세우고 그 위에 한 장으로 된 갑석을 얹었다. 탑신부는 옥신屋身과 옥개屋蓋를 각각 따로 만들었는데, 옥신에는 알맞은 크기의 우주隅柱(귀기둥)를 새겼을 뿐 다른 장식은 없다. 옥개석은 비교적 얇은 편인데 수평을 이룬 처마 밑에는 5단의 받침이 없고, 지붕돌은 부드러운 곡선으로 흘러내리다가 네 귀의 끝에서 가볍게 반전하였다.

지붕돌의 중앙에 꼼을 각출하였으며 처마의 네 귀에는 풍경을 달았던 구멍이 남아 있다. 동탑의 상륜부에는 노반露盤(탑의 꼭대기 층에 있는 네모난 지붕 모양의 장식), 복발覆鉢(탑의 노반 위에 바리때를 엎어 놓은 것처럼 만든 부분), 앙화仰花(탑의 복발 위에 꽃잎을 위로 향하여 벌려 놓은 모양으로 새긴 장식)까지 남아 있지만, 서탑은 앙화가 손실되고 말았다.

이 절 뒤쪽에는 고려 말 강회백姜淮伯(1357~1402)이 단속사에서 공부하면서 심었다는 600여 년 이상 된 나무가 있다.

《고려사절요高麗史節要》에는 "강회백은 진주晉州 사람인데 그의 아버지 강시姜蓍는 문하찬성사門下贊成事(고려시대 문하부에 둔 정이품 벼슬)를 지냈다. 강회백은 신우辛禑(신돈과 반야 사이에 낳은 아들) 초년에 과거에 급제하였다. 계속 승진하여 성균관 제주가 되었고, 밀직제학부사密直提學副使 등의 벼슬을 지냈고, 추충협보공신 호를 받았다. (……) 교주, 강릉도 도관찰출척사都觀察黜陟使로 나갔다가 다시 소환되어 정당문학政堂文學(중서성과 문하성의 종2품 벼슬) 겸 대사헌으로 임명되었고, 조선에서 동북문 도순문사가 되었으며, 그의 나이 46세에 사망하였다."

단속사 뒤편에 있는 매화나무는 뒤에 그가 정당문학 벼슬을 하게

산천재

되자 정당매政堂梅라고 부르게 되었고, 그때부터 이 절의 스님들이 매년 흙으로 뿌리를 다져 주는 등 잘 가꾸었다. 훗날 이곳을 찾았던 김일손이 《탁영집濯纓集》에 다음과 같은 글을 남겼다.

"정당이 젊었을 적에 심은 매화가 1백여 년이 되어 늙어 죽음을 면할 수 없었다. 그의 증손이 유적遺蹟을 찾아와서 새로 매화를 그 곁에 심어 놓은 지 벌써 10년이 되니, 정당政堂만이 손자가 있는 것이 아니라 매화도 그 자손이 자라는구나."

지금도 단속사 탑 뒤편의 마을 가운데에는 그때 심었다는 늙은 매화나무 한 그루가 봄이면 봄마다 꽃을 피우고 강회백이 지은 시 한 편을 바람결에 들려주고 있다.

단속사견매斷俗寺見梅

한 기운이 순환하여 갔다가 다시 돌아오니,

하늘의 뜻을 섣달 전의 매화梅花에서 볼 수가 있고,

스스로 큰 솥에 국맛을 조화하는 열매로서,

부질없이 산중에서 떨어졌다 열렸다 하네.

단속사 정당매

청산을 벗하며 살리라

탑동 동남쪽에는 원정거리마을이 있고, 탑동 앞쪽에는 벼락을 맞아 깨어진 바위가 있는 배락배미 논이 있고, 그 아래에는 모양이 장구처럼 생긴 장구배미가 있으며, 음삼골 북쪽에는 나무꾼이 나무를 묶어 썰매처럼 끌고 내려왔다는 설매산, 갈미산이라고도 부름이 있다. 원정圓亭 북쪽에 있는 들로 지형이 구부정하게 생겼다는 꼬끄랑 멀이라는 들이 있다.

예로부터 현재까지 대부분의 사람들은 벼슬을 버리고 돌아가 은

남사리 옛집

거隱居하는 것을 고상하게 여기고 벼슬하여 부귀를 누리는 것을 외물 外物로 여긴다. 그러면서 사람들은 곧잘 '세상과의 인연을 끊고 초야 에 돌아가서 살고 싶다.'라고 말들은 잘한다.

하지만 초야로 돌아가는 사람은 별로 없다. 그것은 전원의 숲보 다 도시의 빌딩 숲을 더 좋아하기 때문이다. 그래서 중국의 시인 두 목지杜牧之(두목杜牧, 803~852)는 "모두들 청산으로 돌아가는 것이 좋 다고들 하지만 / 청산으로 돌아간 사람 과연 몇 명이나 되는가" 하였다.

또 조선 초기의 문장가인 이행李荇(1478~1534)은 자신의 사는 방법 을 다음과 같이 피력했다.

"편안하고 한가함이 약이 되고, 잎이 피고 지는 것에 봄과 가을을 안다. 멀리 알리거니와 산중의 객客인 나는 길이 그러한 가운데에 서 살아왔다오."

238

《신증동국여지승람新
增東國輿地勝覽》〈산음현山
陰縣)〉 '산천山川조'에서
김희경金希鏡은 "물이 굽
이치고 산이 감돌아서 네
마을을 이웃했다."고 노
래했고, "봄 산이 그림같

남사리 옛집

이 이름난 마을 안았는데, 열 집 민가民家에는 문을 달지 않았다."고
조선 전기의 문신 김효정金孝貞(1383~?)이 묘사했던 곳이 산청이다.

이 산청의 웅석봉 아래에 자리 잡은 단속사 터 부근에 집 한 채
짓고서 건너편에 있는 석대산(534m) 아래 펼쳐진 산자락들을 바라보
며 "아 참 바람이 좋다 싶어" "아 참 햇볕이 좋다 싶어"라고 김광석
의 〈나른한 오후〉 노랫가락을 흥얼거리며 산다면 마음이 얼마나 가
쁜 할까?

 교·통·편

경남 산청군 단성면에서 20번 국도를 따라가다 보면 마을이 아름다운 남사리
南沙里에 이르고, 남사리에서 1.5km쯤 가다가 우회전해서 7km쯤 가면 단속사
터가 있다. 그곳에서 고개를 넘어가면 산청군 신안면에 이르고, 산청이 멀지
않다.

18

경남 남해군 이동면
상주리

"송나라 조사서趙師恕, 趙季仁는 "나에게는 평생 세 가지 소원이 있습니다. 그 첫째는 이 세상 모든 훌륭한 사람을 다 알고 지내는 것이요. 두 번째 소원은 이 세상 모든 양서를 다 읽는 일이요. 세 번째 소원은 이 세상 경치 좋은 산수를 다 구경하는 일입니다."라고 하였다.

이에 내가 말하였다.

"다야 어찌 볼 수 있겠소. 다만 가는 곳마다 헛되이 지나쳐버리지 않으면 됩니다. 무릇 산에 오르고 물에 가는 것은 도道의 기미를 불러일으켜 마음을 활달하게 하니 이익이 적지 않습니다."

그러자 그가 덧붙여 말하기를 "산수를 보는 것 역시 책 읽는 것과 같아서 보는 사람의 취향의 높고 낮음을 알 수 있습니다."라고 하였다.

남해 상주해수욕장

교산 허균許筠(1569~1618)이 지은 《한정록閑情錄》 중 〈학림옥로鶴林玉
露〉에 실린 글이다.

좋은 산수가 있는 곳에서 좋아하는 사람들을 만나고 좋은 책을
읽으며 한 시절을 보내는 것은 더 없는 축복이리라. 그러나 그러한
소원을 이루고 사는 사람은 세상에 그리 흔치가 않아서 손에 꼽을
정도일 것이다.

하지만 두 번째 소원까지는 아니라도 아름다운 산수가 있는 곳에
서 좋은 책을 마음껏 읽고자 하는 소원을 이루는 것은 그렇게 어렵
지 않은 일일 것이다. 그러한 장소로서 적합한 곳이 남해의 금산 아
래 상주해수욕장 부근이다.

일찍이 자암自庵 김구金絿(1488~1534)가 한 점 신선의 점, 즉 일점선

남해의 그림 같은 마을

도一點仙島라고 불렀을 만큼 아름다운 섬나라 남해군은 제주도, 거제도, 진도에 이어 나라 안에서 네 번째로 큰 섬이다. 《동국여지승람東國輿地勝覽》〈남해현南海縣편〉 '형승形勝조'에 "솔밭처럼 우뚝한 하늘 남쪽의 아름다운 곳"이라고 기록되었듯이 남해군은 산세가 아름답고 바닷물이 맑고 따뜻하여 이 나라 사람들이 즐겨 찾는 곳 중의 한 곳이다.

하늘 남쪽의 아름다운 곳

그중 남해 금산이라고 일컬어지는 금산은 높이가 681m에 이르는 높지 않는 산이지만, 예로부터 나라의 명산인 금강산에 빗대어 '남해 소금강'이라고 불릴 만큼 경치가 빼어나다.

신라 때의 고승 원효元曉(617~686)가 683년(신문왕 3)에 이곳에 초당을 짓고 수도하면서 관세음보살을 친견한 뒤 보광사普光寺라는 절을 짓고 절 이름은 따 부르면서 산 이름이 보광산普光山이 되었다. 그러한 보광산이 '비단산'이라는 오늘날의 이름 금산錦山을 갖게 된 것은 조선을 건국한 태조 이성계李成桂(1335~1408)에 의해서였다. 이성계는 청운의 뜻을 품고 백두산에 들어가 기도를 하였지만 백두산의 산신이 그의 기원을 들어주지 않았다.

두 번째로 지리산으로 들어갔지만 지리산의 산신도 들어주지 않자 이성계는 마지막으로 보광산으로 들어갔다. 임금이 되게 해달라고 산신에게 기도하면서 임금을 시켜주면 이 산을 비단으로 감싸주겠다고 약속을 하였다.

이성계는 왕위에 오른 뒤 보광산의 은혜를 갚기 위해 산 전체를 비단으로 두르려 했지만, 그것은 쉬운 일이 아니었다. 고심하던 이성계 앞에 한 스님이 묘안을 내놓았는데 그것은 "비단으로 산을 감싼다는 것은 나라 경제가 허락하지 않으니 이름을 금산비단산[錦山]으로 지어주는 것이 좋겠다."는 의견이었다. 이성계는 그 제안을 받아 산 이름을 금산이라 지었다고 하며, 그때 경상도 지리산을 전라도로 귀양보냈다고 한다.

남해 금산

남해 금산에서 본 바다

　이 절은 그 뒤 1660년에 현종이 왕실의 원당사찰願堂寺刹(죽은 이의 위
패나 화상을 모시고 명복을 비는 사찰)로 삼고 보광사라는 절 이름을 보리암
菩提庵으로 고쳐 부르기 시작했고, 1901년에 낙서樂西와 신욱信昱이 중
수하였으며, 1954년 동파東波 스님이 다시 중수한 뒤 1969년에 주지
양소황梁素滉 스님이 중건하였다.

　이 절에는 경상남도 유형문화재 제74호인 보리암전삼층석탑菩提
庵前三層石塔과 간성각, 보광원, 산신각, 범종각, 요사채 등이 있으며
1970년에 세운 해수관음보살상이 있다.
　보리암의 해수관음보살상은 강화 보문사 관음보살상, 낙산사의
해수관음상과 더불어 치성을 드리면 효험을 본다고 알려져 있어 신
도들의 발길이 끊이지 않는 3대 해수관음보살상으로 손꼽힌다.

관음보살상 아래에 있는 보리암전삼층석탑은 원효 스님이 보광사라는 절을 창건한 것을 기념하여 김수로金首露 왕(?~199)의 왕비인 허태후許太后(허황옥許黃玉, 32~189)가 인도의 월지국月支國에서 가져온 것을 원효가 이곳에 세웠다고 한다. 화강암으로 건조한 이 탑은 고려 초기의 양식을 나타내고 있는데, 단층 기단 위에 놓인 탑신 삼층에 우주가 새겨져 있고 상륜부에는 우주가 남아 있다.

보리암에서 일출을 바라본다는 것은 하늘에서 별을 따는 것만큼 이나 어렵다고 한다. 일출과 일몰을 모두 볼 수 있는 남해 금산의 극락전 아래쪽에는 태조 이성계가 백일기도를 드린 뒤 왕위에 올랐다는 전설이 남아 있는 이태조 기단이 있고, 이태조 기단 옆에는 세 개의 바위로 된 삼불암이 있다.

금산에 있는 부소암扶蘇岩은 진시황의 아들 부소가 이곳에서 귀양을 살다가 갔다는 바위이고, 상사암想思巖은 조선 숙종 때 전라도 돌산 사람이 여기에 이사 와서 살다가 집주인 여자에게 상사想思가 났으니 풀어달라고 애원하자 그 여자가 이 바위에서 소원을 풀어주었다는 바위이다.

미륵암彌勒庵은 신라 때 인도에서 바다를 떠돌다 들어온 부처를 원효대사가 세존도 앞에서 주워 와서 모셨다는 절이고, 문장암文章岩은 망대 남쪽에 있는 큰 바위로 조선 중종 때의 한림학사인 주세붕周世鵬(1495~1554)이 쓴 각자刻字가 남아 있다.

만장대萬丈臺 서편에는 돌로 두드리면 장고 소리가 난다는 풍류암

음성굴音聲窟이 있고, 음성굴 서남쪽에 있는 쌍홍굴雙虹窟은 큰 바위에 두 개의 큰 구멍이 둥글게 난 모양으로 나란히 있다.

전해오는 이야기로는 옛날에 세존世尊(석가세존釋迦世尊)이 돌로 만든 배[石舟석주]를 타고 위쪽에 있는 문으로 나가 세존도世尊島의 한복판을 뚫었다고 한다.

상사암에 있는 구정암은 9개의 둥근 홈이 있어 하늘에서 내린 물이 고인다는 천우수天雨水이고, 상사암 남쪽에 있는 약수터인 감로수는 숙종 임금이 병이 났을 때 이 물을 마시고 나았다는 샘이다. 그 외에도 사선대, 제석봉, 촛대봉, 향로봉 등 제 나름대로의 사연과 이름을 지닌 금산 38경이 있고, 금산 정상에는 망대라고 부르는 봉수대가 있다.

낮에는 연기 밤에는 불빛으로 신호하여 적이 침입했음을 알렸던 금산 봉수대는 고려 영종 때 남해안에 침입하는 왜구를 막기 위해 축조되었고, 조선시대에는 오장 2명과 봉졸 10명이 교대로 지켰다고 한다. 평상시에는 연기를 하나를 피웠고, 적이 나타나면 둘, 가까이 접근하면 셋, 침공하면 넷에 접전 시에는 다섯으로 연락하였고, 구름이나 바람

남해 금산 홍예문

으로 인한 이상 기후에는 다음 봉수대까지 뛰어가서 알렸다고 한다.

조선시대의 봉수는 대체로 한 시간에 110㎞를 연락할 수 있었기 때문에 한양까지 7시간 정도 걸렸었는데, 통신시설이 발달되면서 갑오경장이 있던 해인 1894년에 없어졌다.

이처럼 아름다운 남해 금산을 문학적으로 형상화한 시인 중의 한 사람이 이성복李晟馥(1952~)이다.

"내 정신 속의 남해 금산은 '남'자와 '금'자의 그 부드러운 'ㅁ'의 음소로 존재한다. 모든 어머니의 물과 무너짐과 무두질과…… 그 영원한 모성의 'ㅁ'을 가지고 있는 남해의 'ㄴ'과 금산의 'ㄱ'은 각기 바다의 유동성과 산의 날카로움을 예고하고 있는 것이 아닐까"라고 말한 그는 남해 금산을 물과 흙의 혼례로 규정하였고, "남해 금산은 내 정신의 비단길 혹은 비단 물길 끝의 서기 어린 산으로 존재했고 앞으로도 그렇게 존재할 것이다."라고 얘기하면서 〈남해 금산〉이라는 시 한 편을 남겼다.

"한 여자 돌 속에 묻혀 있었네. (…) 남해 금산 푸른 바닷물 속에 나 혼자 잠기네."

파스칼Blaise Pascal(프랑스의 사상가·수학자·물리학자, 1623~1662)은 그의 저서 《팡세Pensées》에서 다음과 같이 말했지.

"우리는 항상 현재에만 존재하는 것이 아니다. 현실을 피하기 위해 미래를 재촉하거나 현실을 즐기기 위해 과거를 부르며 사는 것이다."

그래서 그런지 추억은 언제나 아픔과 슬픔뿐이고, 기다리는 날은 항상 저만치 있으며, 가버린 날은 아쉬움과 회한뿐이다.

남해 금산은 서정인徐廷仁(1936~)의 〈산〉이라는 소설의 주 무대가 되었는데, 간추린 소설 속의 내용은 다음과 같다.

섬 학교의 교사로 부임하기 위해 탄 연락선에서 '전오'는 아이를 데리고 있는 아름다운 여인과 만났지만 여인은 중간 기착지에서 내렸는데, 어느 날 그 여자가 나타나 같이 산에 오른다. 산 중턱에 이르자 날이 저물고 그들은 내려와 산정의 여관에서 하룻밤을 지내며 그 자신의 지난 날의 상처에 대해 말한다. 그리고 그다음 날 그들은 각각 다른 길로 산을 내려간다.

서정인은 〈산〉에서 "그것은 단순한 물량物量이 아니라, 저녁나절의 연무에 싸여서 위하처럼 신비처럼 푸르스름한 빛으로 우뚝 솟아 있었다."고 이 남해 금산을 형상화했다.

마음이 아름다워지는 상주리

푸른 바다와 수많은 돌들이 섞이고 섞여 조화를 이루는 금산 아

남해 상주해수욕장

래에 그림 같은 상주해수욕장이 있다. 방풍림으로 조성된 소나무 숲과 하얀 모래사장이 절묘한 아름다움을 빚어내는 상주해수욕장은 어쩌면 나라 안의 해수욕장 중에 동해의 장호해수욕장과 더불어 그 아름다움의 첫째 둘째를 다툴지도 모른다.

남해 금산을 병풍으로 두르고 반월형으로 그 아름다운 자태를 자랑하는 상주해수욕장의 방풍림인 소나무 숲은 오래전에 우리나라 남해안을 초토화시켰던 태풍 '매미'와 '루사'에도 끄떡하지 않아서 남해안 여러 항구들이 큰 피해를 입었지만 하나의 피해도 입지 않았다. 그런 의미에서 "인간이 영악해지면 자연도 그만큼 영악해진다."는 소설가 이외수李外秀(1946~)의 말처럼 자연에 순응하고 그 자연처럼 산다는 것이 얼마나 중요한 것인지를 보여주는 곳이다.

본래 남해군 이동면 지역으로 상주개, 또는 상주포라고 하였는데, 1914년 행정구역 통폐합 당시 금포리, 금양리, 금전리를 병합하여 상주리라고 하였다. 조선시대에 평산포영에 딸린 상주포보尙州浦堡가 있었던 상주리의 선창에 있는 선창굴강이라는 후미는 조선시대에 세금을 받던 중선이 정박해 있던 곳이라고 하고, 상주리 남쪽에 있는 바

남해 미조포구

위섬인 세존도는 중간에 배가 지나갈 수 있을 만큼의 구멍이 뚫려 있어서 남해 38경 중의 하나에 든다.

　그림처럼 빛나는 상주해수욕장에서 고개를 넘어가면 아름다운 포구인 미조彌助포구가 있다. 《신증동국여지승람新增東國輿地勝覽》에 '미조항진彌助項鎭은 현의 동쪽 87리에 있다. 성화成化 병오년丙午年에 진이 설치되었다. 그 뒤에 왜적에게 함락되어 혁파했다가 가정嘉靖 임오년壬午年에 다시 설치하였다. 석축이며 둘레는 2,146척이고, 높이는 11척이다'라고 기록되어 있는데, 미조항은 작은 목으로 되었으므로 미조목, 또는 메진목 미조항으로 불리었다. 1914년 행정구역을 통폐합하면서 물개넘, 파랑게, 큰 섬, 범섬을 병합하여 미조리라고 하였다. 한려수

250

도에 자리 잡은 아름다운 항구로 자리매김하고 있는데, 미조리의 들목에 있는 장군당은 고려 말의 장군인 최영崔瑩(1316~1388) 장군을 모시는 사당이다.

> 구름은 희고 산은 푸르고,
> 시내는 흐르고 돌은 서 있고,
> 꽃은 새를 맞아 울고,
> 골짜기는 초부樵夫의 노래에 메아리치니,
> 온갖 자연 정경은 스스로 고요한데,
> 사람의 마음만 스스로 소란하다.”

명나라 때 사람인 오종선吳從善이 지은 《소창청기小窓淸記》에는 실린 글이다.

산천도 푸르고 바다도 푸르른 금산 자락, 쪽빛 바다가 항상 가슴을 설레게 만드는 상주해수욕장에서 남해 금산을 바라보기도 하고, 오르내리기도 하면서 사는 날을 기다려 본다.

교·통·편

남해읍에서 19번 도로가 시작되는 미조면의 미조포구를 향해 가다가 상주면에 이르고 남해 금산의 산 아래 상주리에 상주해수욕장이 있다.

19

경남 통영시 산양읍
삼덕리

"우리가 즐겨 자유분방한 자연自然 속에 있는 것은 자연은 우리에 대해 아무런 생각도 품고 있지 않기 때문이다."라고 니체Friedrich Wilhelm Nietzsche(1844~1900)는 《자유분방한 자연》속에서 말하고 있다. 하지만 니체의 말과 달리 자연이 엄밀한 의미에서 또 하나의 자연인 사람에게 말을 걸어올 때가 많이 있다. 나직하게 속삭이듯 내게 이런저런 얘기를 늘어놓다가 다음과 같이 속삭일 때가 있다.

"너! 여기 와서 한동안 살아보지 않으련. 파도와 갈매기를 벗 삼고 인정이 차고 넘치는 바닷사람들을 이웃 삼아서 한 시절을 살아보지 않으련?"

그러한 곳이 사람들에게 한국의 나폴리라고 알려진 통영 부근이다.

장군봉에서 본 한려수도

그림처럼 아름다운 통영

남해 바닷가에 있는 통영은 한국문학사에 기념비적인 작품인 대하소설 《토지》를 지은 소설가 박경리朴景利(1926~2008)와 김상옥金相沃(1920~2004), 김춘수金春洙(1922~2004) 등의 시인들이 태어난 곳이며, 〈깃발〉의 시인 유치환柳致環(1908~1967)과 극작가 유치진柳致眞(1905~1974)의 고향이 이곳이다.

또한 분단 조국의 현실 속에서 고향에 돌아오지 못한 채 독일에서 숨진 작곡가 윤이상尹伊桑(1917~1995) 씨와 서양화가 김형근金炯菫

장군봉에서 본 한려수도

(1930~), 전혁림全赫林(1916~2010) 씨도 이곳 통영의 아름다운 바다를 보고 그들의 꿈을 키웠다. 또한 비운의 화가 이중섭李仲燮(1916~1956)도 이곳에 있으면서 남망산南望山 자락 아래 펼쳐진 통영의 풍경을 그림으로 남겼다.

남해의 푸른 바다와 올망졸망한 산들이 펼쳐놓은 풍경이 한 폭의 그림 같기도 한 한려수도의 가운데 쯤에 위치한 곳이 통영이다. 한려수도가 한눈에 내려다뵈는 남망산공원에서 바라보면 미륵彌勒이 누워 있는 것처럼 보이는 섬이 미륵섬이고, 그 앞바다가 한려해상국립공원閑麗海上國立公園이다. 이 공원은 전남 여수시에서 경남 통영시 한산도閑山島 사이의 한려수도 수역과 남해도南海島, 거제도巨濟島 등 남부해안 일부를 합쳐 지정한 해상국립공원이다.

한려수도를 바라보는 삼덕리三德里

미륵산 정상에서 보면 서쪽으로 멀리 남해의 금산이 그림처럼 보이고 비진도比珍島, 매물도每勿島, 학림도鶴林島, 오곡도烏谷島, 연대도烟臺島 등의 섬들이 꿈길에서처럼 달려들고 뒤질세라. 저도, 연화도蓮花島, 욕지도欲知島, 추도楸島, 사량도蛇梁島, 곤리도昆里島 등의 섬들이 파고든다. 문득 정현종 鄭玄宗(1939~) 시인의 〈섬〉이라는 시가 떠오른다. 그래, 섬 너머 또 섬이 있고, 그 섬에는 내가 오매불망 기다리는 그리움이 있어서 나를 기다리고 있는 것은 아닐까? 그 아름다운 미륵도의 일주도로를 따라가다 멎는 곳이 통영시 삼양면 삼덕리 원항院木마을이다.

이 마을에 오랜 역사와 전통을 자랑하는 마을제당祭堂이 남아 있으며, 그것이 바로 중요민속자료 제9호로 지정된 삼덕리 마을제당이다.

삼덕리 앞바다

삼덕리는 본래 거제현 지역이었다. 선조 때 고성현 춘원면에 편입되었다가 1900년에 진남군 산양면에 편입되었고, 1914년에 통영군에 편입되었다.

원항 북쪽에는 돌깨미라는 산이 있고, 원목 남동쪽에는 동매라는 이름의 산이 있다. 원목에서 남평리로 넘어가는 고개가 원목곡이고, 원목 동쪽에 있는 골짜기 이름은 앳굴골이다. 원목 남쪽에 있는 개 이름은 당개당포라고 부르고, 장군봉 북쪽에 있는 마을은 활목이라고 부르는 궁항弓項이다.

마을 입구에 서 있는 당산나무 밑에는 돌장승이 있다. 언제나 그곳에 가면 누가 기도를 드리고 갔는지 모르지만, 기도를 드린 흔적으로 막걸리 병이 놓여 있다.

언제쯤이던가, 궁항마을에 차를 세우고 걸어가다 보니 막걸리 병

마을의 돌장승

이 그대로 놓여 있어서 같이 가던 도반들에게 "한잔 먹고 가지"하고 술을 따라서 마시고 있는 것을 마을 아주머니에게 들켜 버렸다.

"아뿔싸, 이를 어쩐 담"하고 난감해하고 있는데, "복 받을끼라, 장승할배가 복 많이줄끼라" 하셔서 막걸리도 먹고 복도 많이 챙긴 추억이 서린 곳이 삼덕리 마을제당이다. 언제나 마을 사람들이 그치지 않고 이 제당에 복을 비는 것은 이 제

당이 신령함을 잃지
않고 있기 때문일 것
이며, 한편으로는 이
지역 사람들의 믿음
과 정성이 지극하기
때문이리라.

삼덕리의 마을제당

당산나무는 대개
생명의 유지력과 수
태시키는 생식기능,
또는 악귀와 부정을 막고 소원을 빌면 성취시켜주는 당신堂神의 표상
이며, 신체라고 할 수 있다.

이곳 삼덕리의 마을제당은 장군당, 산신도를 모신 천제당, 그리고
마을 입구에 서 있는 돌장승 한 쌍과 당산나무 등을 모두 포함되어
중요민속자료 제9호로 지정되어 있다. 이 마을제당은 삼덕리 사람들
의 다신적多神的 신앙 예배처이고, 풍요와 안녕과 번영을 상징하는 곳
이다.

이 마을에서 가장 사람의 마음을 사로잡으며 머물고 싶게 하는
곳이 장군봉이다. 장군봉으로 오르는 고갯마루에도 양쪽 길을 사이
에 두고 서 있는 돌장승이 있다. 큰 것이 남장승으로 높이가 90㎝이
고, 여장승은 크기가 63㎝쯤 된다. 예전에는 나무로 만들어 세웠으
나 70여 년 전에 돌로 만들어 세웠다고 전한다.

장군봉으로 가는 길은 이루 말할 수 없을 만큼 아름답다. 좌측으

장군봉의 장군당

로 펼쳐진 삼덕리 포구에 배들은 눈이 부시게 떠 있고, 바라다보이는 마을은 그림 속처럼 평안하기만 하다. 울창한 나무 숲길을 헤치고 오르다 보면 암벽이 나타

나고 조심스레 오르다 보면 밧줄이 걸려 있다. 겁이 많은 사람들에게 쉬운 코스는 아니지만 조심스레 오르면 갈만하다.

그 코스를 지나면 마당 같은 바위에 오르고, 그곳에서 바라보는 미륵섬 일대가 마치 보석과도 같다. 다시 숲 사잇길을 조금만 더 오르면 장군당에 이른다. 장군당 가기 전에 있는 천제당에는 산신도가 한 점이 걸려 있으며, 장군당에는 갑옷 차림에 칼을 들고 서 있는 장군봉의 산신 그림이 걸려 있다.

장군당의 산신도

그림 속의 주인공은 고려 말 선죽교에서 이방원李芳遠(1367~1422)에게 피살당한 최영崔瑩(1316~1388) 장군이라고도 하고, 노량해전에서 장렬하게

전사한 이순신李舜臣(1545~1598) 장군이라고도 한다. 어느 분이 맞는지는 몰라도 가로가 85cm, 세로가 120cm쯤 되는 그림 앞에는 나무로 만든 말 두 마리가 서 있는데 이 지역

장군의 목마

에서는 이 말을 용마龍馬라고 부른다. 큰 말은 그 길이가 155cm이고, 높이는 93cm이다. 작은 말은 길이가 68cm이고, 높이는 65cm쯤 된다. 두 마리 모두 다리와 목을 따로 만들어 조립했다.

자세히 보면 그림과 목마가 아주 빼어난 장인들이 만든 것이 아니고 서툴게 만들었음을 알 수 있는데, 마치 유원지에서 보는 회전목마를 닮았다. 마을 사람들의 말에 의하면 예전에는 철마鐵馬였다고 하는데, 그 철마가 없어진 뒤 이 목마로 대신하게 되었다고 한다.

대부분의 굿당에서 말을 신으로 모시는 경우들이 있는데, 그 이유가 여러 가지이다. 백마 혹은 용마라고 하여 말을 신격화하는 숭배 전통도 있고, 어떤 경우에는 예전에 만연했던 마마병을 없게 해달라는 뜻이기도 하다. 어떤 경우에는 서낭신이 타고 다니시라고 놓는 경우도 있다고 한다.

어떤 경우에는 그 무서운 호랑이를 막기 위해 만들기도 했다. 그러한 경우를 보면 서낭당에 모셔진 말의 대부분은 뒷다리가 부러지거나 목이 부러져 있는데, 그것은 말이 호랑이와 싸웠기 때문이라고 한다.

삼덕리 항구

장군봉에서 바라보는 마을이 꿈길 같고

다시 길을 내려오다가 넓은 마당 같은 바위에서 서쪽을 바라보면 서남쪽으로 쑥섬, 곤리도昆里島, 소장군도가 보이고, 북서쪽으로는 오비도烏飛島, 월명도 등 크고 작은 섬이 있으며, 서쪽으로 통영시에 소속되어 있는 사량도가 보인다. 이곳에서 날이 저물어 간 곳을 바라본 이는 사량도를 넘어 해가 지는 풍경이 얼마나 가슴 시리게 아름다운지를 깨닫게 될 것이다. 장군봉 동쪽에 있는 절이 1932년에 창건된 대각사大覺寺이고, 장군봉 서쪽에 있는 개는 덤바굿개이다.

한편 삼덕리 원항마을의 남쪽에 있는 당포마을은 1592년 6월 2일 이순신이 20여 척의 배로 왜선을 물리친 곳이기도 하다. 당포성은 경상남도 통영시 산양읍 삼덕리의 야산 정상부와 구릉의 경사면을 이용하여 돌로 쌓은 산성으로 고려 공민왕 23년(1374) 왜구의 침략을 막기 위해, 최영 장군이 병사와 많은 백성을 이끌고 성을 쌓고 왜구를 물리친 곳이라 전한다.

그 뒤 선조 25년(1592) 임진왜란 때 왜구들에 의해 당포성이 점령당하였으나 이순신 장군에 의해 다시 탈환되었는데, 이것이 당포승첩唐浦勝捷이다.

성城은 2중 기단을 형성하고 있는 고려시대와 조선시대의 전형적인 석축진성石築鎭城(국경·해안지대 등 국방상 중요한 곳에 대부분 돌을 쌓아 만든 성)이며, 남쪽과 북쪽으로 정문터를 두고 사방에는 대포를 쏠 수 있도록 성벽을 돌출시켰다.

지금 남아 있는 석축의 길이는 752m, 최고 높이 2.7m, 폭 4.5m이고, 동·서·북쪽에는 망을 보기 위하여 높이 지은 망루 터가 남아

당포성

있으며, 문 터에는 성문을 보호하기 위하여 성문 밖으로 쌓은 작은 옹성이 잘 보존되어 있다. 이 마을에도 원항마을의 돌장승과 비슷한 돌장승 한 쌍이 남아 있다.

통영의 한산도에서 전라남도 여수에까지 이르는 뱃길이 한려수도 이고, 그 뱃길이 이 나라에서 남국의 정취를 즐길 수 있는 가장 아름다운 뱃길이다. 뿐만 아니라 통영 일대는 기상청의 통계에 의하면 한 해 365일에서 250일쯤이 맑기 때문에 가장 날씨가 좋은 지방이라고 한다.

그래서 조선 후기 삼도수군 통제영의 통제사로 와 있던 벼슬아치가 정승으로 벼슬이 올라 이곳을 떠나게 된 것을 섭섭히 여겨 "강구안 파래야, 대구, 복장어 쌈아, 날씨 맑고 물 좋은 너를 두고 정승길이 웬 말이냐"라고 탄식하였고, 일제 때에는 이곳의 풍부한 수산물과 좋은 날씨에 반해서 많은 일본 사람들이 몰려와 살았다고 한다.

멀리 보이는 사량도

또한 미륵섬에서 바라다보이는 한산도閑山島 일대가 선조 25년 (1592) 7월에 조선 수군이 싸울 힘을 잃고 퇴각하는 것으로 착각하고 추격한 왜군을 이순신이 거느린 조선 함대가 큰 싸움을 거둔 격전지 다. 이순신은 한산도대첩에서 학鶴이 날개를 편 모양의 진을 치고 왜 군 70여 척 가운데에서 59척을 격파하였고, 그 싸움이 행주대첩, 진 주대첩과 함께 임진왜란의 3대첩에 들었다.

그 뒤 이순신이 설치했던 통제영統制營이 줄여져서 통영이 된 이곳 을 이 지역 사람들은 토영 또는 퇴영이라고 하는데, 평양 사람들이 피양 또는 폐양으로 부르는 것과 같은 현상이다.

그러나 통제영 시대부터 이 나라에서 으뜸으로 꼽히던 통영갓은 무형문화재 제4호라는 것이 무색하게 그 쓰임새가 줄어들고 말았다. 그리고 무형문화재 제10호로 지정되어 있는 통영자개, 즉 나전칠기도 기능보유자가 옻칠을 구하기 쉬운 원주로 옮겨가는 바람에 그 의미 가 퇴색하고 말았다. 그뿐인가. 1930년대까지만 해도 이 노래를 모 르면 한산도 사람이 아니라고 할 정도로 널리 불렸던 〈한산가〉라는 노래마저도 사라져가고 있다.

"미륵산 상상봉에 일지맥이 떨어져서 / 아주 차츰 내려오다. 한산 도가 생길 적에 / …동서남북 다 들러서 위수강을 돌아드니 / 해 돋 을 손 동좌리라 /

〈한산가〉 노래는 한산도 각 마을의 지명 유래와 그 아름다움을 표현한 가사체의 노래였다.

이처럼 아름다운 풍경 속에서 하루하루를 보낸다면, "나는 오로지

만족할 줄을 안다(吾唯知足오유지족)." 노자의 《도덕경道德經》의 한 소절 같이 마음이 넉넉하고 편안해져서, "세상은 있는 그대로가 내 마음에 드는 구나."라는 말이 저절로 나올 수 있을 것이다.

쑥섬, 곤리도, 소장군도, 사량도, 오비도를 지나 멀리 고성 일대와 남해 일대가 산수화처럼 펼쳐진 미륵섬에서 해가 뜨고 지는 풍경들과 뱃고동 소리 파도 소리를 벗 삼아 한 시절을 보낸다면 신선이 따로 없을 듯싶다.

 교·통·편

경남 통영시에서 통영대교를 건너면 진남초등학교가 있는데, 그곳이 미륵섬이다. 진남삼거리에서 1021번 지방도를 타고 좌측이던 우측이던 한려수도의 절경을 바라보며 따라가면 삼덕리에 이른다.

제주도 북제주군
성산 일출봉 아래 성산리

1978년 4월부터 1980년 10월까지 약 2년 반 동안 있는 정 없는 정, 그 정情을 붙이고 살았던 곳이 한국의 최남단에 있는 제주도였다. 군대를 제대하자마자 연고도 없는 제주도를 그 야심한 밤에 목포에서 무려 일곱 시간이 걸리는 가야호를 타고 무작정 찾아갔던 것은 소설 속의 이상향 '이어도離於島'에 대한 환상 때문이었는지도 모른다.

그곳에서의 2년 반은 사실 생각하기조차 힘든 인고忍苦의 시절이었지만 제주도를 떠올리면 가슴 속에서 뭉클하면서 배를 타고 다시 가고 싶기도 하고, 고개를 흔들면서 다시 가고 싶지 않은 곳, 그곳이 바로 제주도이기도 하다. 그때만 해도 제주도 개발의 초기라 중산간 中山間 지역 어느 곳이든지 가면 제주도만이 가지고 있는 제주도의 변

성산 일출봉

하지 않은 풍속과 인심들을 많이 볼 수가 있었다.

나의 이상향 이어도

그래서 쉬는 날이면 그 피로한 몸을 버스에 싣고서 샅샅이 뒤지고 다녔었다. 어느 집이든지 뒷간에 들어가면 요즘 관광객들이 즐겨 먹는 똥돼지를 볼 수가 있었고, 땅값이 올라서 벼락부자가 된 사람들도 매일 공사판에 잡부로 나가는 것을 부끄럽게 여기지 않았으며, 그들이 가지고 온 도시락을 들여다보면 보리밥 일색이었다. 농토가 많지 않아서 척박한 곳이기도 하지만 대부분의 사람들이 가난이 찌든 곳이라서 전해오는 말로 "좁쌀 세 말을 못 먹고 시집을 간다."는 말이 남아 있었다. 그런데 지금은 천지개벽을 한 것처럼 변하고 또 변해서 옛 모습을 도저히 상상할 수조차 없게 되었다.

그 당시 내 처지는 말이 아니었다. 만신창이가 되도록 노동에 시달린 내 영혼은 지칠 대로 지쳐서 곧 쓰러질 것 같았다. 그 몸과 마음을 거부하지 않고 고스란히 받아주고서 어루만져 주던 곳이 있었다. 그래서 틈만 나면 자꾸 가다가 보니 자그마한 집이라도 사두고 살고 싶어서 한 달이 멀다하고 자주 갔던 곳이 바로 성산포城山浦였다.

그 첫새벽 동해 바다를 뚫고 솟아오르던 일출도 일출이지만 아흔아홉 개의 봉우리로 감싸인 분화구에 푸른 풀들과 나무들이 마치 나를 향해 존재하는 것 같았다. 그런 시간들을 함께했던 성산포는 본래 정의군旌義郡 좌면左面의 지역으로 성산 밑에 있으므로 성산이라

성산포에서 제주를 보다

성산포의 아름다움

고 하였다.

테우리(주로 들에서 많은 수의 마소를 방목하여 기르는 사람) 동산은 축항 동 남쪽에 있는 동그란 등성이로 목동들이 앉아 망을 보며 점심을 먹었다고 하며, 성산 일광사 남쪽에 있는 수마포水馬浦마을은 조선시대 목장이 있었다는 곳이다.

수마포 동쪽에 있는 터진목마을은 앞이 터져서 갯물이 드나드는 곳이다. 오정개 동쪽에 있는 용당龍堂은 매년 정월에 마을 주민들이 제사를 지내는 곳이며, 성산에 있는 돌촛대인 등경석燈檠石은 고려 때 삼별초의 김통정金通精(?~1273) 장군이 성산에 성을 쌓고 등경석을 만들어서 밤에는 불을 밝히고 적을 감시하였다는 곳이다.

이곳 성산 일출봉에는 세계에서 그러한 예를 찾아볼 수 없을 정도로 키가 큰 설문대할멈의 전설이 전해져 온단다.

설문대할망은 몸집이 얼마나 크고 힘이 세었던지 삽으로 흙을 떠서 던지자, 그것이 한라산이 되었다. 또 이 할망이 신고서 다니던 나막신에서 떨어진 흙들이 삼백 몇 십 개에 이르는 제주도의 '오름'이 되었다.

성산포와 전답

오름들 가운데에 꼭대기가 움푹 파인 것들은 그가 흙을 집어 놓고 보니 너무 많아서 그 봉우리를 발로 탁 차 버렸기 때문이다. 그는 제주 섬 안의 깊은 못들은 자신의 키로 다 재 보았는데, 아무리 깊은 못이라도 그가 들어가 보면 겨우 무릎밖에 차지 않았다고 한다. 그는 한라산에 엉덩이를 깔고 앉아 한쪽 다리는 제주 앞바다에 있는 관탈섬에 올려놓고, 또 다른 다리는 서귀포西歸浦 앞바다에 있는 지귀섬이나 대정 앞바다에 있는 마라도에 올려놓고서, 성산포 일출봉을 빨래 바구니로 삼고 우도를 빨랫돌 삼아 빨래를 했다.

어느 날, 설문대할망은 제주 사람들을 모아 놓고 자기에게 명주 속옷 한 벌만 지어 주면 육지까지 다리를 놓아 주겠다고 했다. 제주도 사람들은 그 일을 의논하기 위해 모였다. 할머니의 속옷을 만들기 위해서는 명주 100동이 필요했다. 한 동이 50필이니 100동이면 명

섭지코지에서

주가 5천 필쯤 되었다.

　그래도 제주 사람들은 다리를 놓는 것이 더 좋겠다 싶어 각자 가지고 있는 명주를 다 내놓아 할망의 속옷을 만들기로 의견을 모았다. 그런데 사람들이 가진 명주를 다 끌어모아도 99동밖에 되지 않았다. 그래도 그것으로 할망의 속옷을 만들고자 했으나 실패하는 바람에 결국 제주와 육지 사이에 다리는 만들어지지 않았다.

　제주도를 삥 둘러 가며 바닷가에 불쑥불쑥 뻗어 나온 곳들은 그때 설문대할망이 제주도와 육지를 이으려고 준비했던 흔적이다. 남제주군 대정읍 모슬포慕瑟浦 해변에 불쑥 솟아오른 산방산은 할망이 빨래하다가 빨랫방망이를 잘못 놀려 한라산의 봉우리를 치는 바람에 그 봉우리가 잘려 떨어져 나왔다고 한다. 그러한 전설이 숨 쉬고 있는 성산 북쪽에는 축항이라는 나루가 있다.

일출봉에서 떠오르는 해를 바라보며

성산城山은 성산봉, 일출봉, 성산성, 성산봉수, 구십구봉 등 여러 이름으로 부르는데, 99개의 바위 봉우리들이 분화구를 성처럼 둘러싸고 있으며 물과 이어져 있는 남쪽 부드러운 능선은 넓은 초원을 이루고 있는 곳이다.

일출봉을 오르는 초입의 초지에서 조랑말을 타는 재미도 있고, 땀 흘리며 오르다 중간중간 쉬면서 보는 한라산漢拏山과 바다, 아른거리는 해안선, 옹기종기 모여 있는 마을 정경은 기억에 오래 남을 풍경이 될 것이다. 3면이 바다로 이루어진 성산 일출봉은 깎아 세운 듯한 절벽이 병풍처럼 둘러 있고, 봉우리가 3km가량의 분지로 되어 있다. 둘레에는 기이한 봉우리가 99개로 이루어져 있는데, 이곳에 올라 바라보는 해 뜨는 광경은 그 장관이 나라 안에서는 물론이고, 세계 제일이라고 알려져 있다. 지방기념물 3-36호로 지정되어 있는 성산 일출봉은 역사적으로도 의의가 있는 곳이다. 삼별초의 김통정 장군이 토성을 쌓고 적을 방어하였던 곳이며, 조선시대에는 봉수대가 있

섭지코지의 노을

봄-제주올레 성산 일출봉을 지나며

어서 북쪽으로 수산봉수首山烽燧, 남쪽으로 독자악봉수獨子岳烽燧에 응하였다.

성산포에서 밀려왔다가 밀려오는 파도를 바라보자 문득 밥 딜런 Bob Dylan(1941~)의 아름다운 노래 <바람만이 아는 대답>이 떠올랐다.

"사람이 얼마나 먼 길을 걸어봐야
진정한 삶을 깨닫게 될까.
흰 비둘기는 얼마나 많은 바다를 날아야
백사장에 편히 잠들 수 있을까.
얼마나 많은 전쟁의 포화가 휩쓸고 지나가야
영원한 평화가 찾아오게 될까.
친구여, 그 건 바람만이 알고 있어.
바람만이 그 답을 알고 있지.

성산포

얼마나 오랜 세월이 흘러야

높은 산이 씻겨 바다로 흘러 들어갈까.

사람이 자유를 얻기까지는

얼마나 많은 세월이 흘러야 하는 걸까.

사람은 언제까지 고개를 돌리고

모른 척할 수 있을까.

친구여, 그 건 바람만이 알고 있어.

바람만이 그 답을 알고 있지.

사람이 하늘을 얼마나 올려다봐야

진정한 하늘을 볼 수 있을까.

얼마나 많은 세월이 흘려야

다른 사람들의 비명을 들을 수 있을까.

얼마나 더 많은 사람이 희생되어야

너무도 많은 사람이 희생당했다는 걸 알게 될까.

친구여, 그 건 바람만이 알고 있어.

바람만이 그 답을 알고 있지."

광치기해안

밥 딜런의 시詩보다 더 시 같은 노랫가락이 꿈결처럼 울려 퍼지는 그리움이 가득 쌓인 성산포, 그래서 더 사고 싶은 그 성산포에서도 지치면 성산포항城山浦港에서 배를 타고 우도牛島로 가면 된다.

우도는 제주도 북제주군 우도면牛島面을 이루는 섬으로 소섬, 우도 또는 연평演坪이라고 부른다. 이 섬의 서남쪽에 구멍이 있어서 처음은 작은 배 한 척이 들어갈 만하고, 조금 더 들어가면 5.5척의 배가 들어갈 만하며, 그 위에는 큰 바위가 지붕처럼 되어 있어 햇빛이나 별빛이 비치면 기운이 음산하고 차서 모골이 송연하게 되며, 7월과 8월에 고깃배가 가면 큰바람이 불고 천둥과 폭우가 쏟아지는데, 마치 신룡神龍이 살아서 조화를 부리는 것 같다고 한다. 해안선 길이는 17㎞으로 제주도의 부속 도서島嶼 중에서 가장 면적이 넓다. 성산포에서 북동쪽으로 3.8㎞, 구좌읍 종달리終達里에서 동쪽으로 2.8㎞ 해상에 위치하며, 부근에 비양도飛揚島와 난도蘭島가 있다.

1697년(숙종 23)에 국유목장이 설치되면서 국마國馬를 관리·사육하기 위하여 사람들의 거주가 허락되었으며, 1844년(헌종 10) 김석린金錫麟(1806~?) 진사 일행이 입도하여 정착하였다. 원래는 구좌읍 연평리에 속하였으나 1986년 4월 1일 우도면으로 승격하였다. 섬의 형태가 소가 드러누웠거나 머리를 내민 모습과 같다고 하여 우도라고 이름지었다.

남쪽 해안과 북동쪽 탁진포濁津浦를 제외한 모든 해안에는 해식애海蝕崖가 발달하였고, 한라산의 기생화산인 쇠머리오름이 있을 뿐 섬 전체가 하나의 용암대지이며, 고도 30m 이내의 넓고 비옥한 평지이다.

섬의 가장 북쪽에 있는 전흘동錢屹洞은 '돈놀래'라고도 부르는데, 예전에 이 근처 바다에서 돈을 가득 실은 배가 침몰하여서 붙여진 이름이라고 하며, 고수동古水洞은 본래 생수가 없어 빗물을 받아 음료

섭지코지에서

성산포

수로 썼다고 한다.

고수동 동쪽에 있는 독진곶은 벋장다리처럼 생겨서 비중다리라고
부르는데, 한 노인이 해마다 정월 초하룻날이면 이곳에서 서울을 바
라보고 세배를 하였다고 해서 세배곶이라고도 부른다.

우도에서 떨어져 있는 섬인 비양도飛揚島에서 해 뜨는 광경을 바라
다보면 수평선 속에서 해가 날아오르는 것 같다고 하며, 후해동 남
쪽에 있는 산인 쇠머리산은 지형이 소의 머리와 같아 우두악牛頭岳이
라고 부른다.

우목동은 그 모양이 소의 눈처럼 생겼다고 해서 붙여진 이름이
고, 천진동은 마을 앞에 큰 개가 있으므로 하늘이 큰 늘이라고도
부른다.

276

부서진 산호로 이루어진 백사장 등 빼어난 경관을 자랑하는 우도 8경이 유명하며, 인골분 이야기를 비롯한 몇 가지 설화와 잠수소리·해녀가 등의 민요가 전해진다. 남서쪽의 동천진동 포구에는 일제강점기인 1932년 일본인 상인들의 착취에 대항한 우도 해녀들의 항일항쟁을 기념하여 세운 해녀 노래비가 있으며, 남동쪽 끝의 쇠머리 오름에는 우도 등대가 있다. 성산포에서 우도나루로 가는 정기여객선이 1시간 간격으로 운항된다.

우도항에서 남서쪽으로 바라보는 성산포는 섬이 아니지만 제주도에서 떨어진 섬 같이 보인다. 섬에서 보면 섬이 되는 성산포로 가는 바다는 잠잠할 때가 많다. 그러나 성산 일출봉에서 바라보는 바다는 항상 살아 있음을 증명이라도 할 듯 일렁이고 있다. 바다가 보이는 섬 아닌 성산포에서 바다를 바라보고 산다면 얼마나 가슴이 후련할까?

교·통·편

제주시에서 12번 제주 일주도로를 따라 동쪽으로 동쪽으로만 가다가 보면 성산읍에 이르고, 오조한도교 입구에서 좌회전하여 들어가면 성산리에 닿는다.

21

제주도 대정읍 안성리
김정희의 자취가 서린 곳

일 년 중 활짝 개는 맑은 날이 적고 바람이 많은 제주도를 일컬어 "땅은 메마르고 백성은 가난하다."고 하였으며, 어떤 사람은 말하기를 "꽃은 사월에 피나 봄바람은 사월에 분다."고 하였다. 지금은 비행기로 가다보니 금세 도착하는 제주도는 교통이 발달하기 전만 해도 육지에서 멀고도 먼 섬이었다. 그래서 뭍에서 멀면서 바람 많고 살기가 만만찮은 제주도는 역사 속에서 한 많은 유배지였다.

세월 속에 변한 삶터

유배流配는 유형流刑이라고 부르는데, 죄인을 먼 곳으로 보내어 유주留住하게 하는 형벌로 오형五刑 중의 하나였다. 조선의 형벌은 《대명

제주도의 돌담

률大明律》에 의거하여 다섯 가지 형벌 즉 사형死刑, 유형流刑, 도형徒刑, 장형杖刑, 태형笞刑으로 나누었다. 이 중 유배형은 죄를 범한 사람을 차마 사형에는 처하지 못하고 먼 곳으로 보내어 죽을 때까지 고향에 돌아오지 못하게 하는 형벌이다. 귀양, 정배定配, 부처付處, 안치安置, 정속定屬, 충군充軍, 천사遷徙 등으로 표현하였다.

유배는 대개 거리에 따라 2천 리, 2천5백 리, 3천 리 등 3등급으로 구분하여 보냈는데 보내기 전에 반드시 곤장으로 볼기를 치는 장형과 함께 이루어졌으므로 장 100이란 볼기를 100대 맞고 간다는 말이다. 죄인이 의금부나 형조에서 유배의 형을 받으면 도사 또는 나장들이 지정된 유배지까지 압송하여 고을 수령에게 인계하였다. 수령은 죄인을 보수주인保授主人에게 위탁한다. 보수주인은 그 지방의 유력

자로서 한 채의 집을 배소로 제공하고 유죄인 감호의 책임을 졌으며, 그곳을 배소配所, 또는 적소謫所라고 하였다.

그런데 우리나라는 땅이 비좁기 때문에 아무리 먼 곳이라도 중국처럼 삼천 리가 되는 곳이 없었다. 그래서 생각해 낸 것이 곡행曲行이라는 편법을 썼다. 정조 때 김약행金若行(1718~1788)이라는 사람은 3천리 유배형으로 기장현機張縣으로 배소를 받았는데, 그 거리가 970리밖에 안 되었다. 하지만 '3천 리를 꼭 채워야 한다'고 여론이 들끓었고, 정조에게 밉게 보이기까지 하였다. 결국 한양에서 강원도 평해平海, 지금은 경북 울진군 평해읍까지 간 뒤에 함경도 단천端川까지 가서 다시 기장으로 돌아오면 3천 리가 되므로 구불구불 왔다, 갔다 하는 방법을 써서 그 거리를 채우게 했다.

배소에서의 유죄인의 생활비는 그 고을 부담의 특명이 없으면 대개 스스로 부담하는 것이 원칙이었으므로 자연히 가족의 일부가 따라가는 것이 원칙이었으나, 조선 중기를 지나면서부터는 대부분이 혼자 갔던 것으로 보인다.

조선시대에 지금의 남제주군의 대정읍인 대정현으로 유배를 온 사람이 많았다. 동계桐溪 정온鄭蘊(1569~1641), 우암尤庵 송시열宋時烈(1607~1689), 면암勉菴 최익현崔益鉉(1833~1906)을 비롯하여 추사秋史 김정희金正喜(1786~1856)도 제주로 유배를 왔었다. 김정희는 이곳에서 9년여의 세월을 보내야 했고, 그 지난한 세월이 쌓여 그 유명한 〈세한도歲寒圖〉(국보 80호, 정식 명칭은 〈김정희 필 세한도金正喜 筆 歲寒圖〉)를 남길 수 있었다.

추사 김정희의 적소였던 대정읍 안성리는 당시 대정골성 동쪽 안이 되므로 동성 또는 안성이라 하였으며, 대정군청이 있었던 곳이다. 안성 남쪽의 김추사 터는 추사 김정희가 유배를 와서 지냈던

대정의 정난주 묘

곳이고, 보성초등학교 앞에는 이곳에 유배를 왔던 동계 정온 선생의 유허비가 서 있다.

추사와 동계의 유배지

정온은 대북파들이 영창대군을 역모자로 만들어 강화도로 유배시킬 때부터 부당하다고 지적하였다. 그 뒤 영창대군이 살해되자 그 부당성을 들어 상소를 올리며 그 일을 주도한 강화부사 정항鄭沆을 문책할 것과 영창대군을 예로써 장례를 치른 뒤 사후 추증하는 은혜를 베풀 것을 상소하다가 이곳 대정현 인성리에 유배된 것은 1614년이었다.

유배될 적에 수많은 서적을 가지고 온 정온은 대부분의 시간을 근방에 있던 유생들을 가르치며 지냈고, 그 나머지 시간은 오로지 독서로써 소일하였다. 《동계집桐溪集》에는 다음과 같은 글이 실려 있어 그

대정 동계 정온의 비

당시 정온의 행적을 엿볼 수 있다.

"대정 백성들은 장유의 차례와 상하의 구분이 없었다. 선생이 이를 구별하여 늙은이를 먼저 하고, 젊은이를 뒤에 하여 그 좌석을 구별하였다. 또 연소한 자들을 뽑아 글을 가르치고 인륜을 베푸니 이로부터 장유長幼와 상하가 조금은 조리條理가 있었다. 또 전후하여 부임해온 수령들이 모두 무인武人으로 날마다 백성들을 사냥에 동원시켰으므로 백성들은 농사를 지어서 삶을 영위할 수가 없었다. 선생이 현감에게 말하여 당시 사냥하는 사람들을 모두 농토로 돌아가게 하니 백성들이 모두 선생을 우러러 사모하였으며 귀양에서 풀려 돌아갈 때에는 울면서 그를 따라 친척을 이별하는 것과 같았다."

'십 년이면 강산이 변한다.'는 말이 있는데, 십 년 유배를 마치고 돌아온 그 세월 속에 변한 것은 정온의 생활뿐만이 아니었다. 병자호란이 일어났고, 조선은 크나큰 위기에 직면해 있었다. 남한산성에서 임금이 내려와 삼전도에서 항복했다는 소식을 전해들은 정온은 할복자살割腹自殺을 결행하였다. 그러나 가까스로 살아남아 정온은 나라의 충신이 되었지만 역사는 돌고 도는 것이라서 그의 4대손인 정희량鄭希亮(?~1728)은 이인좌李麟佐(?~1728)의 난에 가담하며 집안 자체가 쑥대밭이 되고 말았다.

정온 선생 뒤에 이곳에 왔던 추사 김정희는 청나라의 고증학考證學을 기반으로 한 금석학자金石學者이자 실사구시의 학문을 제창한 경학자經學者로 불교학에도 조예가 깊었다. 그는 5, 6세 때부터 글씨로 이름을 날렸고, 대학자 박제가朴齊家(1750~1805)에게서 배웠다. 24세 때 중국 연경燕京에 가서 당대의 거유巨儒 완원阮元(1764~1849), 옹방강翁方綱(1733~1818), 조강曹江(1781~1837) 등과 교류하면서 경학·금석학·서화書畵에서 많은 영향을 받았다. 1840년(헌종 6) 윤상도尹尙度(1768~1840)의 옥사에 연루되어 제주도로 유배되어 위리안치圍籬安置되는 형벌을 받았다.

김정희에게 내려진 위리안치라는 형은 유배지에서 달아나지 못하도록 탱자나무 가시로 울타리를 치고 그 안에 가둔 뒤, 보수주인保授主人만 드나들 수 있게 하는 가혹한 중형이었다. 지나가는 사람도 볼 수 없는 유배지의 고독과 절망 속에서 김정희는 우리가 오늘날 '추사체'라고 부르는 독특한 경지의 글씨를 만들어냈다. '날이 차가워진 뒤에야 소나무 잣나무의 푸르름을 안다'는 〈세한도歲寒圖〉도 그 당시 유배지인 제주도에서 그렸는데 그것은 유배지에 있는 동안 정성을 다해 연경에서 구한 책을 보내

추사 유배지

준 이상적李尚迪에게 준 것이다. 그 무렵 그의 동생 명희에게 보낸 편지 한 편을 보자.

"가시울타리를 치는 일은 이 가옥 터의 모양에 따라 하였다네. 마당과 뜨락 사이에서 또한 걸어 다니고 밥 먹고 할 수 있으니, 거처하는 곳은 내 분수에 지나치다고 하겠네. 주인 또한 매우 순박하고 근신하여 참 좋네. 조금도 괴로워하는 기색이 없는지라 매우 감탄하는 바일세. 그 밖의 잡다한 일이야 설령 불편한 점이 있더라도 어찌 그런 것쯤을 감내할 방도가 없겠는가."

기다림과 그리움으로 보낸 세월

그가 제주도에 유배되어간 지 3년째 되는 1842년 11월 13일 그의 아내 예안禮安 이씨가 세상을 떠났다는 부음을 받는다. 그때 김정희의 마음은 어떠했을까? 몸은 비록 떨어져 있지만 자나 깨나 남편을

이재수와 삼의사비

위해 찬물饌物(반찬)을 보냈던 아내. 김정희는 그런 아내에게 이런 편지를 보내곤 했다.

"이번에 보내온 찬물은 숫자대로 받았습니다. 민어는 약간 머리

가 상한 곳이 있으나, 못 먹게 되지는 아니하여 병든 입에 조금 개위開胃가 되었고, 어란魚卵도 성하게 와서 쾌히 입맛이 붙으오니 다행입니다. 여기서는 좋은 곶감을 얻기가 쉽지 않을 듯하오니 배편에 4, 5접 얻어 보내주십시오."

이렇게 수도 없이 보냈던 편지를 이제 다시는 아내에게 보낼 수 없게 된 것이다. 그는 하늘이 무너지고, 땅이 꺼지는 듯한 절망과 슬픔 속에서 시詩 한 편과 가슴에 사무치는 제문을 지었다.

월하노인 통해 저승에 하소연해
내세에는 우리 부부 바꾸어 태어나리.
나는 죽고 그대만이 천리 밖에 살아남아
그대에게 이 슬픔을 알게 하리.

김정희는 아내의 부음 소식을 듣고도 머나먼 타향 유배지에서 갈 수도 없을 뿐만 아니라 살면서도 잘해주지 못한 일들이 떠오르자 위와 같은 시를 지은 것이다. 그 내용은 중매의 신인 월하노인月下老人에게 하소연해 다시금 죽은 그의 아내와 부부의 연을 맺게 해

추사 유배지

달라는 것이었다. 그는 이어서 다음과 같은 제문을 지었다.

임인년 11월 을사 삭 13일에 정사에 부인이 예산의 묘막에서 임종을 보였으나, 다음 달 올해 삭 15일 기축 저녁에야 비로소 부고가 바다 건너로 전해져서, 남편 김정희는 상복을 갖추고 슬피 통곡한다. 살아서 헤어지고, 죽음으로 갈라진 것을 슬퍼하고 영원히 간 길을 좇을 수 없음이 뼈에 사무쳐서 몇 줄 글을 엮어 집으로 보낸다. 글이 도착하는 날 그 상청에 드리는 제사에 인연해서 영구靈柩 앞에 고할 것이다.

(중략)

예전에 일찍이 장난으로 말하기를 부인이 만약 죽으려면 나보다 먼저 죽는 것만 못할 것이니 그래야 도리어 더 좋을 것이다 하면, 가버려서 듣지 않으려고 하였었다. 이것은 진실로 세속의 부녀자들이 크게 싫어하는 것이나 그 실상은 이런 것이니, 내 말은 끝까지 장난에서 나온 것만은 아니었었다. 그런데 지금 마침내 부인이 먼저 죽고 말았으니, 먼저 죽은 것이 무엇이 시원하겠는가. 내 두 눈으로 홀아비가 되어 홀로 사는 것을 보게 할 뿐이니 푸른 바다, 넓은 하늘처럼 나의 한스러움만 끝없이 사무치는구나.

추사 유허비遺墟碑

1848년 풀려났지만 3년 뒤인 1851년(철종 2) 헌종의 묘천廟遷 문제로 다시 북청으로 귀양 갔다가 이듬해 풀려났다.《실사구시설實事求是說》을 저술하였으며, 70세에는 선고묘先考墓 옆에 가옥을 지어 수도에 힘쓰고 이듬해인 1856년에 봉은사奉恩寺에서 구족계具足戒를 받은 다음 귀가하여 세상을 떴다.

여모창 서쪽에는 대정현의 사직단社稷壇이 있었고, 안성 북쪽에 있는 이별동산은 안성 북쪽에 있는 등성이로 대정현감이 떠날 때 이곳에서 이별했다고 하며, 이별동산 북쪽에 있는 들은 오리정五里亭이 있어서 오리정들이라고 부른다. 평등이왓 동쪽에 있는 등성이는 망을 보았다고 해서 망동산이고, 테우리 동산 남쪽에 있는 밭은 관솔이 많이 있어서 관솔왓이라고 부른다.

안성 서남쪽에는 수월이라는 기생이 놀았다는 수월이못이 있고, 동동네 남쪽의 더리물이라고 부르는 정호소는 그 깊이가 300여 미터가 되도록 깊다고 한다.

안덕면 화순리에 있는 안덕계곡은 일명 창천계곡이라고도 불리는데, 조면암으로 형성된 양쪽 계곡에는 기암절벽이 병풍처럼 둘러 있고, 계곡의 밑바닥은 매끄럽고 결이 고운 암반으로 이루어져 있으며, 그 위를 맑은 물이 흘러내린다. 전설에 의하면 옛날 하늘이 울고 땅이 진동하면서 태산이 솟아났다, 그리고 그 암벽 사이를 시냇물이 굽이굽이 흘러서 치안치덕治安治德하던 곳이라 하여 안덕계곡이라는 이름을 붙였다고 한다.

예로부터 많은 선비들이 찾아 즐기던 곳으로 이곳 대정에 유배되

제주 안덕계곡

어 왔던 추사 김정희와 동계 정온 등이 이곳에서 젊은이들을 가르쳤
다고 한다.

안성리는 본래 대정군 우면의 지역으로 대정골성 안쪽이 되므로
동성 또는 안성이라고 불렸다.

고려가 원나라에 복속되어 있을 때, 원나라의 조회를 기다릴 때에
바람을 기다리던 서림포西林浦는 대정현의 서쪽 12리에 있었고, 지금
은 사라진 법화사法華寺는 대정현 동쪽 45리에 있었다는데, 그 법화사
를 중 혜일慧日은 다음과 같이 노래했다.

"법화암法華庵 가에 물화物華가 그윽하다. 대를 끌고 솔을 휘두르
며 홀로 스스로 논다. 만일 세상 사이에 항상 머무르는 모양을

묻는다면, 배꽃은 어지럽게 떨어지고 물은 달아나 흐른다."

당시는 유배의 땅으로 수많은 사람들의 한이 서린 곳이나, 지금은 그들의 숨결이 살아 있는 곳이라서 사람들이 또 다른 목적을 가지고 자주 찾는 곳이다. 옛사람들의 숨결이 바람으로 머물러 있는 곳에서 그들이 들려주는 이야기를 귀담아들으며 보낼 수 있다면 얼마나 가슴이 따뜻해질까?

 교·통·편

제주시에서 서쪽으로 난 12번도로를 따라 가다 보면 남제주군 대정읍에 이르고, 대정읍에서 12번 도로를 따라 3.9km쯤을 가면 수많은 사람들의 한과 슬픔이 서린 유배지인 안성리에 이른다.

제주도 산방산 자락의
사계마을에 집을 짓고서 산다

내 인생의 봄날, 꽃 시절이라고 부르는 화양연화花樣年華(인생에서 가장 아름답고 행복한 시간이라는 뜻)는 언제였을까? 가끔씩 뒤돌아보면 불현듯 떠오르는 곳이 삼다도라고 불리는 제주도다.

1978년 3월에서 1980년 10월까지 2년 반의 제주 생활을 접고 뭍으로 나가서도 가끔씩 제주도가 그리웠다. 어찌 잊어버릴 수 있을까. 기억들만 떠올려도 가슴 뛰는 청춘의 시간들……. 틈만 나면 시외버스를 타고 종점까지 하염없이 내달리던 시절이었다. 어느 날은 성산포城山浦 지나 표선表善이 되기도 했고 멀리 교래리橋來里, 보목甫木, 화순和順까지 이르기도 했다. 장소는 그날그날 선택되었는데, 버스터미널까지 가서 맨 처음 눈에 띄는 지명으로 가는 버스를 타고서 가는 것이었다.

사계에서 한라산 쪽을 보면 산방산이 보인다.

그때만 해도 중산간 지역 어디를 가나 터덜거리는 비포장도로였고, 어느 마을이든 똥돼지들을 키우는 제주식 화장실이 눈에 띄었다.

그중 유독 내 마음을 사로잡았던 이름이 산방산 아래 사계리沙溪里였다. 십대 후반부터 심취했던 고전음악 클래식 음반을 사 모으기 시작한 것이 제주도 생활이었다. 제주 시내에서 유일한 백화점이었던 이도백화점에서 토요일에 음반을 주문하면 일주일이 지난 다음 주 토요일에 그 음반을 살 수 있었다. 제주 생활 초창기에 샀던 음반이 성음레코드에서 나온 비발디Antonio LuciV ivaldi(이탈리아의 작곡가, 1678~1741)의 〈사계〉였다. 비발디의 감미로운 음악인 〈사계〉를 떠올리며 도착했던 사계리 일대가 제주올레 10코스로 새로 태어난 것이다.

언젠가 제주 올레길을 만들었던 서명숙徐明淑(1957~) 씨의 동생 서동성 씨에게 물었다.

"제주 올레에서 가장 좋아하는 코스가 어디지요?"

망설이지 않고 서동성 씨가 대답했다,

"저는 10코스를 제일 사랑합니다."

사계에서 한라산 쪽을 보면 산방산이 보였다. 이윽고 도착했던 화순은 본래 대정군 중면의 지역으로 번내[번천樊川] 또는 화순이라 불렀고, 화순 근처에 안덕계곡이 있었다.

전설에 의하면 옛날 하늘이 울고 땅이 진동하면서 태산이 솟아났다. 그리고 그 암벽 사이를 시냇물이 굽이굽이 흘러 치안치덕治安治德 (평안함과 덕을 얻는다)한 곳이라 하여 안덕이라는 지명이 유래했다는 전설처럼 안덕계곡이라는 이름을 붙였다고 한다.

제주 산방산에서 본 화순해수욕장

예로부터 많은 선비들이 찾아와 즐기던 곳이었다. 근처에 있는 대정에 유배되어 왔던 추사秋史 김정희金正喜(1786~1856)와 동계桐溪 정온鄭蘊(1569~1641) 등이 이곳에서 젊은이들을 가르쳤다고 한다. 화순리의 중동네에는 양왕자가 살았던 양왕자王子 터가 있고, 중동 동쪽에 있는 신산동산은 신선이 놀았다고 한다.

슬픈 사랑의 눈물이 약수로 변하며

안덕계곡의 그 무성한 밀림 숲을 빠져나오자마자 마치 잉크를 뿌려놓은 듯 선명한 화순해수욕장이 한눈에 들어온다. 부드러운 모래에 심취해 몇 사람은 아예 신발부터 벗는다. 맨발로 걷기, 그래, 이보다 더 좋은 걷기 장소가 어디에 있는가.

"걷는 것이 확실히 여행하는 가장 편안한 방법이다. 걸어가면 우리는 자연의 아름다움을 즐길 수 있다. 의식하지 못한 채 모든 종류의 사람들과 섞일 수 있다. 그리고 걷지 않으면 체험하지 못할 것들을 관찰할 수가 있다. 걸으면 구속감을 느끼지 않는다. 가장 좋은 날씨와 가장 아름다운 길을 선택할 수 있다. 원할 때면 어느곳에서든 멈출 수 있고, 돌아올 수도 있다. 걸으면 육체가 튼튼해진다. 옷을 간편하게 입어도 되고 차의 덜컹거림에 고통을 받을 필요도 없다. 식욕이 생기고 잠이 잘 온다. 그리고 피곤과 배고픔 때문에 어떤 음식이나 어떤 자리에도 쉽게 만족한다."

독일 작가인 크니게Adolph Franz Friedrich Ludwig Knigge(1752~1796)의 〈인간과의 교제에 관하여〉에 관한 글과 같이 이렇게 온몸으로 느끼며 걷는 모래 백사장이 한 폭의 그림이다.

사계리 뒷산이 산방산(392m)이다. 대정읍 사계리와 화순리 경계에 신령스럽게 솟아 있는 이 산이 《신증동국여지승람新增東國輿地勝覽》에 다음과 같이 실려 있다.

"산방산山房山은 현의 동쪽 10리에 있는데 세상에서 전해오기를 '한라산의 한 봉우리가 쓰러져서 여기에 서 있다. 이 산의 남쪽에 큰 돌구멍이 있는데, 물이 돌 위로부터 방울방울 떨어져서 샘이 되었다고 한다. 어떤 중이 굴 가운데에 집을 짓고 살아서 그의 이름을 굴암窟庵이라 하였다."

산방산은 한라산 남쪽 바닷가에 신령스럽게 우뚝 솟은 산이다.

이렇게 실려 있는 산방산은 한라산 남쪽 바닷가에 신령스럽게 우뚝 솟은 산으로 이 산이 생기게 된 연유가 재미있다.

'옛날에 힘이 유독 세고 활을 잘 쏘는 사냥꾼이 있었다. 그러던 어느 날 사냥꾼이 그렇게 돌아다녀도 짐승은커녕 새 한 마리도 보이지 않았다. 그래서 터덜터덜 집으로 돌아가는데, 새 한 마리가 머리 위로 날아가 건너편의 바위에 앉는 것이었다. 사냥꾼이 재빨리 활시위를 당겼는데, 새는 맞지 않고 조금 떨어진 바위로 푸드득하고 날아가 앉는 것이었다. 사냥꾼이 다시 한 번 활을 당겼는데도 맞지 않았다. 화가 치민 사냥꾼이 세 번째 활시위를 당겼는데, 그 화살이 새를 맞히지 못하고 낮잠에 빠져 있던 하느님의 배를 맞히고 말았다. 화가 잔뜩 난 하느님은 벌떡 일어나면서 사냥꾼이 서 있는 한라산을 정상을 발로 걷어차고 말았다. 그 바람에 한라산 정상 부분이 잘려 나가서 산방산이 되었고, 한라산 정상이 움푹 패인 뒤에 백록담이 되고 말았다고 한다.'

산방굴사山房窟寺의 천장에서는 신기하게도 약수가 떨어지고 있다. 이 물은 산방산은 지키는 여신인 산방덕山房德이 흘리는 슬픈 사랑의 눈물이라고 한다.

내용인즉, 산방산에는 빼어난 미모를 지닌 산방덕이라는 선녀가 살고 있었다. 가난한 청년인 고승을 만나 열렬하게 사랑하여 결국 결혼을 하게 되었다. 그런데 이 고을의 사또가 산방덕을 한 번 보자

제주 산방산에서

욕심이 생겨 고승을 관가에 잡아들인 뒤 억울한 누명을 씌워 재산을
빼앗고 귀양을 보내고 말았다.

사람 사는 세상이 온통 죄악으로 가득 차 있다는 사실을 깨달은
산방덕은 산방굴로 다시 들어가 바위로 변하여 못다 한 사랑을 아
쉬워하며 지금껏 눈물을 흘리고 있다는 것이었다.

지금도 이곳에는 사람들의 발길이 끊이질 않는다. 신기하게도 자
식을 얻고자 기도를 드릴 때 아들을 낳으려면 약수가 많았고, 딸을
낳으려면 물이 부족했다고 한다.

하멜이 표류했던 용머리해안

산방산의 경치에 취해 가다가 보니 용머리해안이다. 안덕면 사계리와 화순리 경계에 있는 용머리는 바위가 용의 머리처럼 생겼으며, 그 용이 머리를 틀고 바다로 들어가는 모습을 닮았다고 해서 지어진 이름이다. '누릑돌', '누룩바위'라고도 부른다. 그런데 용의 허리와 꼬리 부분이 뚝뚝 떨어져 있다.

전설에 의하면, 중국 진시황이 용머리 부분에 왕기가 서려 있다는 사실을 알아차리고 고종달, 또는 호종단胡宗旦이라는 사람을 보내어 살펴보게 하였다. 그러자 산방산이 영기가 있고, 그 남쪽 밑에 용이 있어서 용이 날 자리가 틀림없다고 하여 용의 허리와 꼬리를 끊어버렸다. 그때 산방산이 며칠간에 걸쳐 소리를 지르며 울었고, 바위에서는 피가 흘렸다고 한다.

용머리해안을 돌아가면 사계리 토기동이고, 이곳에 하멜의 기념비가 서 있다.

조선시대에 우리나라로 표류해 왔다가 귀화해서 살았던 사람이 제주도에 왔던 박연朴淵(朴燕, 朴延, 1595년~?)이 첫 번째이고, 그 뒤를 이어서 하멜이 왔다.

박연은 본명이 얀 얀스 벨테브레이Jan. Janse. Weltevree고 네덜란드 사람이다. 그는 홀란디아호 선원으로 아시아에 들어왔다. 1627년 우베르케르크Ouwerkerck 호로 바꿔 타고 일본 나가사키를 향하여 가던 중 태풍에 밀려 제주도에 해안에 표착했다. 그는 동료인 D. 히아베르츠Gijsbertz, J. 피에테르츠Pieterz와 함께 식수를 구하러 해안에 상륙했다가 관헌에게 붙잡혀 서울로 호송되었다.

이들 세 명의 네덜란드인은 조선에 귀화하여 훈련도감에 배속되어 무기를 제조하는 일을 담당했다. 조선에 병자호란이 발발하자 전쟁에 출전했던 박연은 그 뒤 포로가 된 왜인들을 감시·통솔하면서 명나라에서 들여온 홍이포紅夷砲의 제조법·조작법을 조선의 군인들에게 지도했다.

효종 때인 1653년 하멜Hendrik Hamel(?~1692) 일행이 제주도에 표착漂着(물결에 떠돌아다니다가 어떤 뭍에 닿음)했을 때 박연이 제주도로 내려가 통역을 맡았고, 그들을 서울로 호송하는 임무를 담당했다. 하멜이 도감군오都監軍伍에 소속되자 그를 감독하고, 그에게 조선의 풍속을 가르쳤다. 박연은 조선 여자와 결혼하여 1남 1녀를 두었으며 고향으로 돌아가지 못하고 조선에서 여생을 마쳤다. 오랜 세월이 흐른 뒤에 박연의 고향인 네덜란드 암스테르담 북쪽에 그를 기리는 기념비가 세워졌다.

하멜기념비

그 뒤를 이어서 제주도에 도착했던 사람이 하멜이다. 하멜이 타이완에서 인도 총독과 평의회 의원들의 지시를 받고 일본으로 가려고 항해에 나선 것은 1653년 7월 30일이었다. 출발하자마자 태풍이 불어 닥쳐 표류하기 시작했다. 망망대해를 헤매다가 배가 산산조각이 나서 제주도 용머리해안에 내린 것은 8월 16일 새벽이었다.

아직 움직일 수 있는 사람들이 해변을 따라 걸으며 누군가 육지에 다다른 사람이 있나 찾아보고 소리쳐 불렀다. 여기저기서 몇 사람이 더 나타나서 우리는 최종적으로 36명이 되었지만 대부분 심하게 다친 상태였다.
한 사람이 난파선 속에서 커다란 나무통 두 개의 사이에 끼어 있어서 구출했으나 3시간 뒤에 죽고 말았다. 그의 몸은 심하게 뭉개져 있었다. 우리는 비참한 심정이 되어 서로를 보았다. 그 아름답던 배는 산산조각이 나고 64명의 선원 중 불과 36명만 살아남았다. 이 모든 일이 15분 사이에 일어났다.

《하멜표류기》에 실린 글이다. 하멜 일행은 일본인들을 만나길 원했다. 그래야만 배를 다시 주조하거나 수리하여 본국으로 돌아갈 수 있었기 때문이다. 그러나 그들이 기대와 달리 그곳에 도착한 사람들은 그들이 보고 듣지도 못한 조선 사람이었다. 8월 18일 정오 무렵, 1~2천 명의 군졸과 기병이 몰려와 텐트를 포위했다. 그들은 서기·일등항해사·이등갑판장 들을 연행했다.
하멜이 제주 앞바다에 표류해 왔던 당시의 상황이 제주목사로 재직하고 있던 이원진李元鎭(1594~1665)의 《탐라지耽羅誌》에는 다음과 같이 기술되어 있다.

> 본도의 남쪽 앞바다에 배 한 척이 난파하여 좌초하였습니다. 대정 현감 권극중權克中(1621~?)과 판관 노정盧錠(?~?)으로 하여금 군사를 거느리고 현장에 나가 진상을 조사하게 했으나, 어느 나라 사람 인지 알 수 없었습니다. 바다 가운데서 뒤집힌 이 배의 선원 중 생 존자는 38명인데, 그 들은 알아들을 수 없는 말과 처음 보는 문 자를 사용하고 있었습니다.
>
> (중략)
>
> 이 사람들은 눈이 파랗고, 코가 높으며, 머리는 노랗고, 수염은 짧게 기르고 있는데, 개중에는 아랫수염을 깎고 윗수염만 남긴 사 람도 있었습니다. 이들이 입은 상의는 길어서 허벅다리까지 내려가 는데, 옆으로 여미게 되어 있으며 소매는 짧은 편이었습니다.
>
> (중략)
>
> 계속하여 가고자 하는 지역을 물으니 '낙가사키'라고 했습니다.

하멜 일행이 여러 가지 조사를 받고 대정현청으로 옮긴 것은 8월 21일 정오 무렵이었다. 말을 탈 수 있는 사람에게는 말이 주어지고, 부상 때문에 말을 탈 수 없는 사람은 병마절도사의 명령으로 담가擔 架(들것)에 태워졌다.

조정에서는 그들을 서울로 보내라고 했다. 그곳을 떠난 하멜 일행은 서울에 도착하여 이보다 앞서 온 남만인南蠻人 박연이라는 사람에게 보였다. 박연은 그들을 보고 말하기를, "틀림없이 만인이다."했으므로 이들을 금군에 편입시켰다. 대체로 화포를 잘 쏘았으며, 그들 중에는 코로 퉁소를 부는 자도 있었고, 발을 흔들며 춤을 추는 자도 있었다.

그들은 서울에서 내려와 여수에 정착했다. 그리고 그들이 조선을 탈출한 것은 도착한 지 14년이 지난 1666년 9월 5일 동틀 무렵이었다. 그때까지 16명 중 8명이 탈출했고, 하멜 일행이 일본의 나가사키에 도착한 것은 9월 8일이었다. 나머지 8명도 모두 석방되어 본국으로 돌아갔다.

오랜 세월이 지난 1980년에 한국국제문화협회와 네덜란드 대사관의 주관으로 하멜 일행이 정박했던 용머리해안에 하멜기념전시관과 그들이 타고 왔던 상선 모형이 세워졌다.

바다로 아래로 떨어진 절벽을 바라보다

하멜이 표착했던 사계항沙溪港에는 몇 척의 배가 정박해 있고, 해안도로인 사계 서쪽에 광정당廣靜堂이라는 신당 터가 있다. 옛날에는 이 신당 앞을 지날 때마다 반드시 말에서 내려 절을 하고 걸어가야 했다.

그런데 제주목사로 부임한 이형상李衡祥(1653~1733)이 순찰차 이곳을 지나는 데 도무지 발이 떨어지지 않는 것이었다. 가까스로 말에서 절을 했는데도 발이 떨어지지 아니하여 무당을 불러 굿을 하자 이무기가 나타나 입을 벌리면서 덤벼들었다. 놀란 목사가 "이무기를 죽여라"하고 소리를 지르자 군관 한 사람이 이무기에게 칼을 들고 달려들어 이무기의 목을 베고 사당을 불태우고 말았다. 이어서 그는 제주도 안에 있는 사당 5백 채와 사원 5백 채를 불사르고 말았으며, 무당들을 모조리 관노로 삼았다고 한다.

멀리 보이는 송악산을 바라보며 한 발 한 발 걸어가자 산이수동山伊水洞마을이다. 생이물 또는 산이물로 불리는 마을에 마라도 유람선 선착장이 있다. 잠시 쉬었다가 선착장에서 송악산으로 오른다. 한 발 한 발 오르면서 바라보는 바다로 가히 환상적이다.

송악산이 자리 잡은 대정읍 상모리上摹里는 본래 대정군 우면의 지역으로 위쪽이 되므로 웃모슬개 또는 상모슬리, 상모라고 하였다. 송악산은 저벼리 또는 저별악이라고 부른다. 조선시대에 송악봉수대松岳烽燧臺가 있어 서북쪽으로 모슬악摹瑟峰, 동북쪽으로 군산봉수群山烽燧에 응하였다.

멀리 보이는 모슬봉은 높이가 186m로 조선시대에 모슬악봉수대가 있어 동남쪽과 송악 서쪽으로 차귀악(지금의 당산봉)으로 응하였다. 작은 봉우리들이 바다 위에 솟아 있어 아침저녁으로 천태만상을 만들어내며 때로는 신기루가 나타나기도 한다. 바다로 떨어진 절벽은

송악산 분화구

파도에 침식되어 단애를 이루며, 절벽에는 일본군이 만든 진지동굴이
있어 근대사의 아픔을 전하고 있다.

머나먼 섬, 가파도와 마라도

송악산에 올라보니 깎아지른 벼랑 아래 분나구라는 오름을 비롯
한 여러 개의 오름이 펼쳐져 있다. 그래서인지 예로부터 이곳을 '말
잡은 목'이라고 불렀는데, 이곳의 지형이 험하여 말이 넘어져 죽었기
때문이다. 송악산에는 내려가기가 만만찮을 듯싶은 이 오름 외에도
여러 개의 크고 작은 오름이 흩어져 있다.

송악산의 서북쪽에는 여기암女妓岩이라고 부르는 장군석이 서 있

송악산에서 본 가파도와 마라도

는데, 옛날 도숭이라는 기생이 장군과 함께 춤을 추다가 떨어져 내려
죽었다는 전설이 있다.

송악산은 단성화산單性火山이면서도 꼭대기에 이중 분화구가 있어
서 지질학적으로 중요하며, 작은 외륜산外輪山이 99개나 된다. 이곳
송악산 정상에서 북쪽으로 바라보니 산방산 너머 한라산이 보이고,
남쪽으로 가파도加波島와 마라도馬羅島가 한눈에 들어온다.

우리나라의 가장 남쪽 땅인 마라도는 남제주군 대정읍의 마라리
에 있는 섬으로 한국의 최남단에 위치해 있다. 가파리加波里는 모양이
가파리(가오리)처럼 생겨서 가파리, 가파섬, 또는 가파도하고 하였는데
그 가파리에 마라도가 있다. 가파도에서 남쪽으로 11km쯤 떨어진 이
섬은 십여 만 평의 땅에 몇 가구가 고기를 잡으며 살고 있다. 마라도

는 샘이 없어서 빗물을 받아먹고 산다. 이곳에는 처녀당(또는 할망당)이라는 신당이 있는데, 그곳에 얽힌 전설은 다음과 같다.

옛날에 가파도에 사는 고부 이씨가 가산을 탕진한 뒤 어찌할 도리가 없어 온 가족이 마라도에 들어가 개간이라도 해 살려고 하였다. 그들은 건너와 우거진 수풀을 태웠으나 뜻대로 되지 않았다. 그래서 가파도로 다시 돌아가려고 마지막 밤을 지내는데 꿈에 어떤 사람이 나타나 현몽하기를 "처녀 한 사람을 놓고 가지 않으면 풍랑이 일어서 돌아가지 못할 것이다."라고 하는 게 아닌가, 놀란 가족들을 데리고 갔던 업저지(아이를 보는 계집애)에게 "애를 업을 포대기를 가져오라"고 하여 심부름을 시켜놓고, 몰래 섬을 떠나오고 말았다.

그 뒤 오랜 세월이 흘러 다시 들어가 보니, 업저지는 이미 죽어서

가파도

백골만 뒹굴고 있었다. 그것을 바라보고 불쌍하게 여긴 사람들이 사당을 짓고 그 처녀의 넋을 위로하는 제사를 지냈으며, 그때부터 이섬의 수호신으로 모시고 있다.

마라도와 가파도가 외진 곳에 있다는 것을 일컫는 말로 '마라도에서 진 빚은 가파도 좋고 마라도 좋다'라는 속담이 있다.

망망하게 펼쳐진 바다에 그림처럼 떠 있는 가파도와 마라도를 바라보다가 내려가는 길에 말들이 여기저기 보인다. 길은 아스라하다. 아무리 걸어도 물릴 것 같지 않은 오솔길을 천천히 걷는데, 앞에서 한 마리의 말이 마치 길을 걷는 사람처럼 다소곳하게 걸어오고 있다.

상모 해녀의 집을 지나 하수종말처리장을 알모슬개, 히모슬리 하리라고 불렀으며 하모해수욕장에 자리 잡은 약수동은 무수눌 동남쪽에 있는 마을로 몇캐라고 불렀다.

조금 지나자 모슬포항이고, 항구에는 배 몇 척이 바람결에 흔들리고 있다.

나는 사고思考를 시작하면서부터 흔들리는 것들을 사랑했는지 모른다.

그래서 수많은 길을 걸으며 '길을 잃었고, 길은 잃을수록 좋다'는 하나의 명제를 터득했다. 길을 잃어야 새로운 길을 찾을 수 있고, 그래서 살아 있는 모든 것들은 흔들림 없이 견고해지지 않는다는 이치를 깨달았기 때문일 것이다.

그대는 보았는가?

파도가(…)

솟아오르기를 반복할 것이고, 그때

바다는 다음과 같이 속삭일지도 모른다.

"잠시 참으면 바람이 평온해지고, 물결이 고요해진다. 忍片時平浪靜
한발 물러서면 바다가 열리고 하늘이 맑아진다. 退一步海開天空"

바다는 지금 고요하다. "바다, 항상 새로이 시작하는 바다!"라고
발레리Pau Valéry(프랑스의 시인·사상가·평론가, 1871~1945)가 노래했던 바다
는 쓸쓸하지만 다시 새롭게 일렁이며 솟아오르기를 반복할 것이다.

이렇게 아름다운 풍경들이 있는 곳에 집을 짓고 한 시절이나 한
생애를 산다면 행복하지 않겠는가?

 교·통·편

제주시에서 12번 도로를 따라가면 대정읍에 이르고, 그곳에서 조금 더 가면 안
덕면 사계리에 다다르는데, 산방산 자락에 하멜이 표착했던 아름다운 마을 사
계리가 있다.

나는 그곳에 집을 지어 살고 싶다 살아생전에 살고 싶은 곳 44

2권 경기 · 인천 · 충청 · 전라편 22곳

| 신 정 일

이 책의 지은이 신정일辛正一은 문화재청 문화재위원이며 문화사
학자이자 도보여행가이다. 사단법인 '우리땅 걷기' 이사장으로
우리나라에 걷기 열풍을 가져온 도보답사의 선구자이기도 하
다. 1980년대 중반 '황토현문화연구소'를 설립하여 동학과 동
학농민혁명을 재조명하기 위한 여러 사업을 펼쳤다. 1989년부
터 문화유산답사 프로그램을 만들어 현재까지 '길 위의 인문학'
을 진행하고 있다.

또한 한국 10대강 도보답사를 기획하여 금강·한강·낙동강·
섬진강·영산강 5대강과 압록강·두만강·대동강 기슭을 걸었
고, 우리나라 옛길인 영남대로·삼남대로·관동대로 등을 도보
로 답사했으며, 400여 곳의 산을 올랐다. 부산에서 통일전망
대까지 동해 바닷길을 걸은 뒤 문화체육관광부에 최장거리 도
보답사 길을 제안하여 '해파랑길'이라는 이름으로 개발되었다.
2010년 9월에는 관광의 날을 맞아 소백산자락길, 변산마실길,
전주 천년고도 옛길 등을 만든 공로로 대통령 표창을 받았다.

그의 저서로 자전적 이야기인 《홀로 피는 꽃이 어디 있으랴》《모든 것은 지나가고 또 지나간다》와 《가슴 설레는 걷기 여행》《조선의 천재 허균》《길을 걷다가 문득 떠오른 것들》《왕릉 가는 길》《홀로 서서 길게 통곡하니》《조선 천재 열전》《섬진강 따라 걷기》《대동여지도로 사라진 옛 고을을 가다》(전3권)《낙동강》《영산강》《영남대로》《삼남대로》《관동대로》《조선의 천재들이 벌인 참혹한 전쟁》《꽃의 자술서 시집》《신정일의 신 택리지(전11권)》《신정일의 동학농민혁명 답사기》 등 100권이 넘는 저서를 펴냈다.

| 저자 e-mail : hwangtoh@paran.com

새우와 고래가 함께 숨 쉬는 바다

나는 그곳에 집을 지어 살고 싶다
-살아생전에 살고 싶은 곳 44
01 강원 · 경상 · 제주편 22곳

지은이 | 신정일
펴낸이 | 황인원
펴낸곳 | 도서출판 창해

신고번호 | 제2019-000317호

초판 인쇄 | 2022년 4월 22일
초판 발행 | 2022년 4월 29일

우편번호 | 04037
주소 | 서울특별시 마포구 양화로 59, 601호(서교동)
전화 | (02)322-3333(代)
팩시밀리 | (02)333-5678
E-mail | dachawon@daum.net

ISBN 979-11-91215-44-1 (04980)
ISBN 979-11-91215-43-4 (전2권)

값 · 18,000원

ⓒ 신정일, 2022, Printed in Korea

* 잘못된 책은 구입하신 곳에서 교환해드립니다.

Publishing Club Dachawon(多次元)
창해·다차원북스·나마스테